CONCORDANCE

DE L'ORDRE NATUREL

SUIVI PAR BUFFON DANS SA DESCRIPTION DES ANIMAUX

ET DE LA CLASSIFICATION MÉTHODIQUE

BASÉE SUR L'ANATOMIE COMPARÉE

ET CONSACRÉE

par le Baron Cuvier

DANS SON TABLEAU DU RÈGNE ANIMAL.

TABLEAU COMPLÉMENTAIRE

DES

OEUVRES DE BUFFON

AVEC L'INDICATION DES ESPÈCES NOUVELLES

COMPRISES DANS LES COMPLÉMENTS DE M. LESSON.

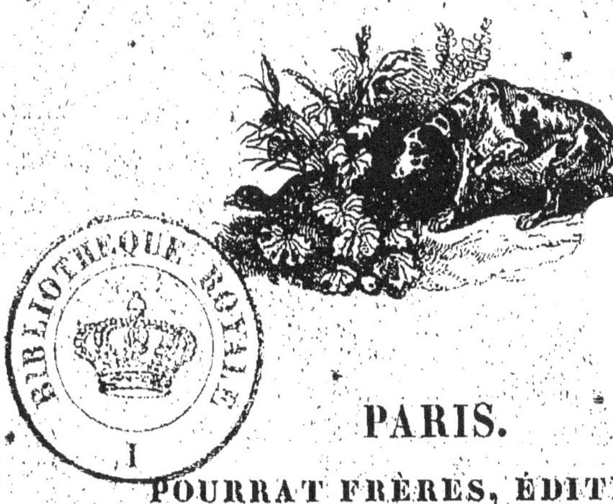

PARIS.

POURRAT FRÈRES, ÉDITEURS.

—

1836.

TABLEAU COMPLÉMENTAIRE

DES OEUVRES DE BUFFON.

L'immortel auteur de l'*Histoire Naturelle* a éloquemment exposé, dans son premier discours, *De la manière d'étuaier et de traiter l'histoire naturelle* [1], les raisons qui lui avaient fait rejeter tous les systèmes de classification proposés par divers auteurs, notamment celui que l'illustre Linnæus venait de donner au monde savant, et les considérations sur lesquelles lui-même avait basé l'ordre dans lequel il a présenté son *Histoire des animaux*. Nous n'avons ni à discuter ni à juger la méthode adoptée par Buffon; et l'on doit convenir que voulant peindre la nature plutôt qu'en renfermer les détails infinis dans une aride nomenclature, il ne pouvait choisir une marche plus simple, plus claire, plus logique et plus heureuse que celle qu'il a suivie, et dans laquelle les objets sont successivement envisagés suivant les rapports de dépendance et de corrélation extérieure qu'ils ont entre eux et avec nous. A tort ou à raison, toutefois, cette marche n'est pas celle que l'on suit dans l'enseignement de l'histoire naturelle; et il faut avouer aussi que si la science de l'anatomie comparée, née à peine au milieu du dernier siècle, eût alors été poussée au point où l'a conduite le plus grand naturaliste des temps modernes, Georges Cuvier [2], le génie de Buffon, digne d'embrasser et de com-

---

[1] Tome 1er, p. 37 et suiv. (Tous les renvois et citations se rapportent à l'édition actuelle.)

[2] *Le règne animal distribué d'après son organisation, pour servir de base à l'histoire naturelle des animaux et d'introduction à l'anatomie comparée*, par M. le baron CUVIER. *Paris*, Déterville, 1829, 5 vol. in-8° (seconde édition; la première édition est de 1816, 4 vol.).

prendre le nouvel ordre de rapports naturels que cett
science nous dévoile, ne les eût pas négligés dans la distri
bution des objets que devait renfermer le cadre immens
de son ouvrage. Nous avons donc pensé faire une chos
utile pour un grand nombre de lecteurs, en mettant en re
gard, à la suite de cette édition nouvelle, la méthode sui
vie par Buffon dans sa description des animaux, et la clas
sification systématique établie dans le tableau du règne
animal du baron Cuvier, classification universellement ad-
mise aujourd'hui par les naturalistes de toutes les nations
parce qu'elle ressort de l'étude intime de la nature même.
Nous avons d'autant plus volontiers entrepris cette con-
cordance, qu'elle nous fournit l'occasion de montrer l'é-
tendue des additions à la zoologie de Buffon, comprises
dans les compléments de M. Lesson.

En tête des deux nomenclatures zoologiques, celle de
Buffon et celle de Cuvier, vient se placer le *genre humain*.
Quoique notre but soit uniquement d'établir la synonymie
de ces deux nomenclatures, sans y ajouter aucune obser-
vation, nous ne pouvons néanmoins nous défendre de con-
signer ici, sur l'*anthropologie* comparée de Buffon et de
Cuvier, quelques remarques succinctes, qui nous semblent
commandées par le sujet.

De toutes les branches des sciences naturelles, celle dont
l'histoire est de nature à offrir le plus d'attrait est, sans
contredit, l'histoire de l'anthropologie, ou de la science
de l'homme physique; et cependant, par une sorte de con-
tradiction, qu'il ne serait pas difficile d'expliquer, cette
partie de l'histoire de la nature, qui a l'homme pour objet,
est demeurée long-temps, et on peut dire même qu'elle est
encore la moins avancée, la moins riche en faits positifs et
bien avérés. Buffon qui, le premier de tous les natura-

listes, s'en est occupé avec quelque étendue, et même, comme le remarque M. Lesson [1], avec prédilection, Buffon avait bien senti l'insuffisance des notions acquises de son temps pour établir une bonne nomenclature des races humaines [2]; car, dans son *Histoire naturelle de l'homme* [3], il se borne à décrire, dans une sorte de voyage fictif, l'universalité des peuples alors connus, d'après les relations les plus accréditées; à dépeindre leur conformation physique et leur figure, à retracer leurs mœurs et leurs usages, leurs cultes et leurs lois: mais il ne donne pas un tableau proprement dit de classification. Cependant, une lecture attentive peut faire reconnaître dans ses descriptions *treize* races dominantes ou grandes variétés, avec plusieurs sous-variétés; nous leur avons assigné, dans le tableau ci-après, l'ordre où Buffon les place.

En regard, nous avons mis la division anthropologique adoptée par Cuvier. Celui-ci, de même que Buffon, ne reconnaît pas d'*espèces* proprement dites, c'est-à-dire de divisions originelles et permanentes au sein du genre humain. L'un et l'autre n'y voient que des *races,* plus ou moins anciennes, toutes indistinctement produites par l'altération d'un type unique et primordial, sous l'influence de la di-

---

[1] *Complément des Œuvres de Buffon*, t. II, Races humaines, p. 1.

[2] Nous ne pouvons ni ne voulons entrer ici dans les discussions auxquelles a donné lieu, surtout depuis le milieu du siècle dernier, la question de l'*unité* ou de la *diversité native* du genre humain; nous employons l'expression *races humaines* sans rien préjuger sur cette question tant controversée. Le temps approche peut-être où la masse de faits de détail maintenant acquis sur les habitants de toutes les parties du globe, pourra permettre de tracer enfin une bonne histoire naturelle du genre humain; c'est une tâche à laquelle, depuis long-temps déjà, nous avons appliqué nos faibles efforts, et dont l'accomplissement est facilité chaque jour, nous devons le dire, par la multitude et la *précision scientifique* des observations recueillies par les voyageurs modernes, et surtout par les explorateurs maritimes. Parmi ceux-ci, M. Lesson aura bien mérité une des premières places. L. V.

[3] Tome IX de ses Œuvres, p. 168 et suiv.

versité des climats, du régime et d'autres causes acciden
telles. Telle est aussi l'opinion de M. Lesson [1].

Ce dernier naturaliste n'a fait entrer dans les deux volumes de ses Compléments aux œuvres de Buffon, consacrés aux races humaines, que les résultats de ses observations personnelles, lesquelles se rapportent exclusivement
aux races océaniques. Mais cette portion limitée de l'anthropologie a été enrichie, par le savant voyageur, d'une
foule d'observations neuves et précieuses; et, après celles
qu'avaient déjà rassemblées sur les mêmes objets les
Forster, les Bougainville, les Chamisso, les Péron, les
Freycinet, etc., etc., on peut regarder comme complets
les éléments de l'histoire physique et morale des populations de souches diverses, disséminées au sein des îles sans
nombre du Grand-Océan. Il serait bien à désirer que toutes
les autres races humaines eussent été l'objet d'observations
et d'études pareilles.

Nous avons indiqué, dans le tableau, en les distinguant
par un astérisque *, les races ou les variétés étudiées particulièrement par M. Lesson, et qui sont comprises dans la
partie de ses compléments relative aux races humaines.

---

[1] *Complément des Œuvres de Buffon*, t. II, Races humaines, p. 44. *Voy.* ci-dessus la
note 2, p. 3.

TABLEAU SYNONYMIQUE

DE L'ORDRE SUIVI PAR BUFFON DANS SA DESCRIPTION DES ANIMAUX,

ET

CLASSIFICATION MÉTHODIQUE DE CUVIER,

BASÉE SUR L'ANATOMIE COMPARÉE

AVEC L'INDICATION DES ADDITIONS COMPRISES DANS LES COMPLÉMENTS DE M. LESSON.

DIVISIONS ÉTABLIES PAR BUFFON.

HOMME.

RACE BORÉALE. *En Europe :* Lapons, Samoïèdes ; — *en Asie :* Sibériens ou Tartares septentrionaux ; — *en Amérique :* Groënlandais.

RACE TARTARE. *En Europe :* environs de la mer Noire, du nord de la mer Caspienne et des Ourals septentrionaux ; — *en Asie :* Sibérie occidentale et méridionale, plateau central, Chine, Japon, Indo-Chine, îles asiatiques. — Trois sous-variétés :

a. Tartares proprement dits. Kalmouks. Tartares du Daghestan. Tartares Nogaïs. Vogoules. Ostiaques. Tartares Bratski (Bouriates). Mongols.

b. Chinois, Japonais, Indo-Chinois.

c. Malais.

RACE D'YEÇO ou AÏNOS.

NOUVELLE CLASSIFICATION MÉTHODIQUE DE CUVIER.

1re *Division du règne animal.*

ANIMAUX VERTÉBRES.

1re Classe. MAMMIFÈRES.

BIMANES.

HOMME.

Race caucasique *ou* Blanche.
— Cinq lignées.

1. *Arabe.*

a. Assyriens.
b. Chaldéens.
c. Arabes purs.
d. Phéniciens.
e. Juifs.
f. Abyssiniens.
g. Égyptiens.
h. Maures.

2. *Indienne.*

a. Indiens.
b. Persans.

3. *Scythe.*

a. Turks
b. Parthes.
c. Finlandais.
d. Hongrois.

6 **BUFFON.**	**CUVIER.**
Race Papoue.	4. *Celtique.*
Race australasienne. Indigènes de la Nouvelle-Hollande [1].	a. Germains.
	α. Scandinaves.
	β. Allemands
Race de l'Asie australe. *En Asie :* l'Inde, la Perse, l'Arabie ; — *en Afrique :* l'Abyssinie, l'Égypte, la Nubie, la Barbarie. — Quatre sous-variétés :	γ. Goths.
	b. Esclavons
	α. Russes.
	β. Polonais.
	γ. Bohémiens.
	δ. Vendes.
a. Mongols ou Indiens.	
b. Persans.	c. Ibériens.
c. Arabes.	d. Gaulois.
d. Maures.	e. Bretons.

[1] Voici les divisions de races et de variétés établies par M. Lesson, pour les populations des îles de l'Océanie, formant, dans la classification de Buffon, la sous-variété malaise, la race papoue et la race australasienne. Ces populations sont, comme nous l'avons déjà dit, l'objet exclusif des deux volumes des Compléments de M. Lesson, consacrés aux *races humaines.*

Appartenant à la race HINDOUE-CAUCASIQUE.	Rameau MALAIS.	Habitant les Archipels nombreux des Indes orientales et de la Polynésie [*].
	Rameau OCÉANIEN.	Habitant les îles innombrables et éparses, comme au hasard, au milieu de l'immense surface du Grand-Océan.
A la race MONGOLIQUE.	Rameau MONGOL-PÉLAGIEN ou CAROLIN.	Habitant la longue suite des Archipels des Carolines, depuis les Philippines jusqu'aux îles Mulgraves.
Race NOIRE.	Rameau CAFRO-MADÉCASSE.	1re variété : *Papoue.* Habitant le littoral de la Nouvelle-Guinée et des îles des Papous. 2e variété : *Tasmanienne.* Habite la terre de Diémen.
	Rameau ALFOUROUS.	1re variété : *Endamène.* Habite l'intérieur des grandes îles de la Polynésie et de la Nouvelle-Guinée. 2e variété : *Australienne.* Habite le continent entier de la Nouvelle-Hollande.

[*] M. Lesson applique le nom de *Polynésie* à une partie des îles que, plus communément, on comprend sous la dénomination d'*Archipel asiatique.*

RACE CAUCASIENNE. *En Asie :* les peuples du Cachemire, de Géorgie, de Mingrélie, de Circassie; les anciens Juifs, les habitants de la Syrie et de l'Asie-Mineure; — *en Europe :* les Grecs, les Italiens, les Espagnols et les Français.

RACE GOTHIQUE. Europe septentrionale et orientale. Russes, Suédois, Danois, Norvégiens, Hollandais, Anglais.

RACE FINNOISE. Nord-est de l'Europe.

RACE NÈGRE. Afrique centrale et occidentale. Nubiens, Sénégambiens, Guinéens.

RACE KAFRE. Afrique australe et orientale. Hottentots, Kâfres, peuples du Monomotapa, de Mozambique, du Zanguebâr et d'Ajan; noirs de Madagascar et des îles voisines.

RACE ESKIMOÏQUE. Partie boréale de l'Amérique du nord.

RACE AMÉRICAINE. Tout le continent américain, à l'exception des Eskimaux et des Groënlandais.

ANIMAUX DOMESTIQUES.

CHEVAL. (*Toutes les variétés domestiques connues.*)

Tarpan, cheval sauvage de l'Asie centrale.

Czigithaï de Tartarie.

Khoulan de l'Asie orientale.

Zèbre d'Afrique.

Couagga d'Afrique.

ÂNE.

Onagre, âne sauvage d'Asie.

Mulets.

(Mulet proprement dit et Bardeau.)

Jumart?

BŒUF.

Buffle.

5. *Pélasge.*

   a. Grecs.

   b. Italiens.

Race Mongolique *ou* Jaune.

Tartares *ou* Mongols, Kalmouks, Kalkas, Éleuths, Mandchoux, Annamites, Thibétains, Népâliens, Birmans, Pégouans, Japonais, Coréens, Chinois.

Race Éthiopique *ou* Noire.

— Cinq lignées.

1. *Nègres.*

2. *Kâfres.*

En dehors de ces trois races, et sans les rapporter spécialement à aucune d'elles, M. Cuvier place, sur l'ancien Continent, les Malais, les Papous, les Hottentots, les Lapons, les Samoièdes, les Ostiaques, les Kamtchadales, les Eskimaux et les Groënlandais, et il pense que le Nouveau-Monde s'est peuplé, par le N. O., de tribus Asiatiques, et, par l'O. (pour l'Amérique du sud), de tribus Malaises, arrivées par mer.

QUADRUMANES.

SINGES.

Singes proprement dits.

⁺ *Orangs.*

(Orang-Outang. Chimpase.)

⁺ *Gibbons.*

(Gibbon noir. Gibbon brun. Gibbon cendré. Siamang.)

⁺ *Guenons* ou *Singes à longue queue.*

(Patas. Mangabeys. Callitriche. Malbrouc. Vervet. Talapoin. Mone. Rolowai. Moustac. Ascagne. Hocheur.)

⁺ *Semnopithèques.*

(Douc. Nasique ou Kahau. Entelle. Cimepaye. Croo. Tchincou.)

Zébu *ou* Dant d'Afrique.
Bison d'Europe *ou* Zimbr de Moldavie.
Aurochs *ou* Taureau sauvage.
Bison d'Amérique.
Yak *ou* Bœuf grognant du Thibet.

BREBIS.

Brebis domestiques d'Europe, d'Asie
et d'Afrique.
(Brebis du Nord, Brebis communes de
France, Brebis de Barbarie, à grosse queue;
Strepsicheros *ou* Brebis de Crète à cornes
droites, cannelées en vis; Adimain *ou*
grande Brebis du Sénégal et des Indes.)
Mouflon, Brebis sauvage.
Morvant de la Chine.

CHÈVRE.

Chèvre et Bouc domestiques.
Bouquetin *ou* Bouc sauvage.
Chamois *ou* Chèvre sauvage.
Saïga, Chèvre sauvage de l'Asie cen-
trale.

COCHON.

Cochon de Siam.
Sanglier.
Cochon de Guinée.
Sanglier du Cap-Vert.
Babiroussa de l'Inde.
Pécari *ou* Cochon d'Amérique.

CHIEN.

Variétés de l'ancien continent.
Chien de Berger.
Chiens du Nord, Chien d'Islande, etc.
Dogues.
Chien courant.
Mâtin.
Braques.
Bassets.
Épagneuls.
Barbets.
Grand Danois.
Lévrier.
Chien d'Irlande.
Petit Danois.
Chien Turc.
Gredin.
Lévrier à poil de Loup.
Chien de Calabre.
Burgos.
Chien-Lion.
Bouffe.
Doguin.
Roquet.
Chien d'Alicante.

Macaques.
(Macaque à crinière *ou* Ouande-
rou. Bonnet chinois. Toque
Macaque. Rhésus. Maimon.)

Magots.
(Magot commun.)

Cynocéphales.
(Papion *ou* Babouin. Papion noir.
Tartarin.)

Mandrills.
(Mandrill. Boggo. Choras. Drill.)

Sapajous, singes d'Amérique à grande queue.

Alouattes ou Singes hurleurs.
(Alouatte rousse.)

Sapajous ordinaires,

Atèles.
(Chamek. Mikiri. Coaïta. Cayou.
Chuva. Marimonda. Coïta fauve.)

Lagothrix.
(Caparo.)

Sajous.
(Sajou cornu.)

Saïmaris.

Sakis, singes d'Amérique sans queue.

Yarké.
(Saki gris.)

Saki noir.

*Saki à ventre roux ou Singe de
nuit.*

Sagouins.
(Sagouin à masque. Sagouin en
deuil *ou* la veuve.)

Noctophores.
(Douroucouli.)

Ouistitis.

Ouistiti commun.

Midas.
(Pinche. Tamarin. Tamarin nègre.
Tamarin à lèvres blanches.
Marikina. Marikina noir. Mico.)

Bichon, etc.
Chien des bois de Cayenne.
Alco du Pérou.

Chat.

ANIMAUX SAUVAGES, CARNAS-SIERS, RONGEURS. etc.

Cerf.

Cerfs d'Europe.
Cerf-Cochon du Cap.
Axis *ou* Cerf du Gange.

Daim.

Chevreuil.

Chevreuil d'Europe.
Chevreuil des Indes.
Chevreuil de l'Amérique du Nord.
Cugnacu-Apara du Brésil.
Cariacou de Cayenne.
Mazames du Mexique.

Lièvre.

Lièvre d'Europe.
Tapéti du Brésil.
Citli du Mexique.

Lapin.

Lapin d'Europe.
Tolaï de Sibérie.
Apéréa du Brésil.

Loup.

Loup noir.
Loup du Mexique.
Chacal.
Adive.

Renard.

Renard commun d'Europe.
Isatis du Nord.

Blaireau.

Loutre.

Loutre d'Europe.
Loutre du Canada.
Petite Loutre de la Guyane.
Saricovienne du Brésil.

Fouine.

Fouine d'Europe.
Fouine de la Guyane.
Petite Fouine de la Guyane.

Makis.

Makis proprement dits.
(Mokoko. Vari. Maki rouge. Mongous. Mongous à front blanc.)

Indris.

Loris.
(Le Paresseux. Loris grêle).

Galago.

Tarsiers.

CARNASSIERS.

CHEIROPTÈRES.

Chauves-souris.

Roussettes.
Roussettes sans queue. (Roussette noire. Roussette commune. Roussette à collier.)
Roussettes à queue.
Céphalotes.

Chauves-souris proprement dites.
Molosses.
Dinops.
Nyctinomes.
Noctilions.
Phyllostomes.
1. Sans queue (Vampire).
2. A queue engagée dans la membrane inter-fémorale (Fer de lance).
3. A queue libre au-dessus de la membrane (fer crénelé).
Mégadermes. (La Feuille. Le Spasme de Ternate. Le Trèfle de Java).
Rhinolophes. (Grand et Petit fer-à-cheval.)
Nyctères. (Campagnol volant.)
Rhinopomes.
Taphiens.
Mormoops.
Vespertilions *ou* Chauves-souris communes. (Chauve-souris ordinaire. Scrotine. Noctule. Pipistrelle)
Oreillards. (Oreillard commun. Barbastelle.)
Nycticées.

*Galéopithèques.

Lemur volant des Moluques,

BUFFON.	CUVIER.
Petite Fouine de Madagascar. Vison du Canada.	**INSECTIVORES.**
MARTE. Martes communes d'Europe et d'Amérique. Grande Marte de la Guyane, Taïra *ou* Galéra. Pékan du Canada. Zibeline.	*Hérissons.* *Hérisson commun. Hérisson à longues oreilles.* *Tenrecs.* *Tenrec. Tendrac. Tenrec rayé.*
PUTOIS. Putois commun. Putois rayé de l'Inde.	*Cladobates de l'Archipel des Indes.* *Musaraignes.* *Musaraigne commune. Musaraigne d'eau.*
FURET. **BELETTE.** Belette commune d'Europe. Pérouasca de Pologne. Touan de Cayenne. Hermine *ou* Roselet. Grison de Surinam.	*Desmans.* *Desman ou Rat musqué de Russie.* *Chrysochlores.* *(Du Cap).* *Taupes.* *Taupe commune. Taupe aveugle des Apennins.*
RAT. Rat commun. Souris. Mulot. Surmulot. Rat Perchal. Schermann *ou* Rat d'eau de Strasbourg. Rat d'eau ordinaire. Campagnol. Hamster. Rat d'eau blanc du Canada. Pouch de Norvège. Leming. Souslik de Russie.	*Condylures.* *Scalope du Canada.* **CARNIVORES.** PLANTIGRADES. *Ours.* *Ours brun d'Europe. Ours noir d'Amérique. Ours Malais. Ours du Tibet. Ours jongleur. Ours blanc.*
ÉCUREUIL. Écureuil commun. Polatouche. Taguan *ou* grand Écureuil volant. Petit-gris. Petit-gris de Sibérie. Le Palmiste. Le Barbaresque. Le Suisse. Rat de Madagascar. Grand Écureuil du Malabar. Écureuil de Madagascar. Guerlinguets.	*Ratons.* *Raccoon. Raton crabier.* *Panda éclatant.* *Benturongs.* *Coatis.* *Coatis rouge et brun.* *Kinkajou ou Potto.* *Blaireaux.* *Blaireau d'Europe. Blaireau d'Amérique.*
AYE-AYE. **L'ANONYME.**	

Cochon d'Inde ou Cobaïa.

Musaraigne.

Musaraigne d'eau.
Musaraigne musquée de l'Inde.
Musaraigne du Brésil.

Loir.

Lérot.

Lérot à queue dorée de Surinam.

Muscardin.

Hérisson.

Taupe.

Taupe commune.
Taupe de Sibérie.
Taupe de Virginie.
Taupe du Cap.
Taupe de Pensylvanie.
Taupe rouge d'Amérique ou Tucan du Mexique.
Grande Taupe d'Afrique ou du Cap.
Taupe du Canada.
Taupe dorée du Nord.

Marmotte.

Marmotte des Alpes.
Monax ou Marmotte du Canada.
Marmotte du Kamtschatka.
Bobak ou Marmotte de Pologne.
Jevraschka ou Marmotte de Sibérie.
Cavia ou Marmotte de Bahama.

Chauve-souris.

Chauve-souris commune.
Oreillard ou Chauve-souris à grandes oreilles.
Noctule.
Sérotine.
Grande Sérotine de la Guyane.
Pipistrelle.
Barbastelle.
Fer-à-Cheval.
Roussette de Madagascar et des Indes.
Rougette des mêmes contrées.
Vampire d'Amérique.
Céphalote.
La Fouille.
Le Rat volant.
Mulot volant.
Marmotte volant.
Lérot volant.
Campagnol volant.
Chien volant.

*Gloutons.

Glouton du Nord ou Rossomak. Volverenne d'Amérique. Grison. Taïra.

*Ratel.

DIGITIGRADES.

Martes.

*Putois.

Putois commun. Furet. Putois de Pologne ou Pérouasca. Putois de Sibérie. Belette. Hermine. Mink. Norek. Noerz. Putois du Nord. Vison ou Putois d'Amérique. Putois de Java. Putois d'Afrique. Belette rayée de Madagascar. Putois du Cap.

*Martes proprement dites.

Marte commune. Fouine. Marte zibeline.

Martes d'Amérique. (Pékan, Vison, Mink, Foutereau, etc.)

*Mouffettes.

Mouffette commune d'Amérique. Chinche.

*Midaus.

Télagon de Java.

*Loutres.

Loutre commune. Loutre de la Caroline. Loutre des Indes. Loutre de Java ou Simung. Loutre du Cap. Loutre d'Amérique. Loutre de mer.

Chiens.

*Chien domestique et toutes ses variétés.

*Loup.

Loup noir. Loup du Mexique. Loup rouge d'Amérique. Chacal ou Loup doré.

*Renard.

Renard commun. Renard charbonné. Renard croisé. Renard

BUFFON.

Muscardin volant.
Fer de lance.
Grande Chauve-souris Fer de lance de
 la Guyane.
Chauve-souris commune de la Guyane.
Chauve-souris Musaraigne.

OURS.

Ours brun.
Ours noir.
Ours blanc de Russie.
Ours blanc de la mer Glaciale.

CASTOR.

Castor du Canada et de Sibérie.
Castor d'Europe.

RATON.

CRABIER.

Chien crabier de Cayenne.

COATI.

AGOUTI.

Acouchi de Cayenne.

LION.

Lion de l'Ancien Continent.
Puma d'Amérique.

TIGRE.

PANTHÈRE.

ONCE.

LÉOPARD.

JAGUAR du Mexique.
Jaguar de la Guyane.

COUGOUAR de la Guyane.
Cougouar noir ou Jaguarète.
Cougouar de Pensylvanie.

LYNX ou LOUP-CERVIER.
Lynx du Canada.

CARACAL.

SERVAL de l'Inde.

OCELOT d'Amérique.

MARGAÏ ou CHAT-TIGRE de Cayenne.

BIZAAM.

HYÈNE.

CIVETTE.
Zibet.

CUVIER.

du Brésil. Corsac. Renards d'A-
mérique. Renard noir. Isatis ou
Renard blanc. Renard du Cap.
Mégalotis d'Afrique. Zerda ou
Fenec, etc.

Chien sauvage du Cap.

Civettes.

Civettes proprement dites.
Zibeth.

Genettes.
Genette commune. Genette de Java.
 Fossane de Madagascar. Ge-
 nettes des Indes.

Paradoxures.
Pougouné ou *Marte des Palmiers.*

Mangoustes.
Mangouste d'Égypte ou *Ichneu-*
 mon, Mangouste des Indes, etc.

Suricate d'Afrique.

Mangue.

Protèle.

Hyènes.
Hyène rayée. Hyène brune. Hyèn
 tachetée.

Chats.

Lion.

Tigre royal.

Jaguar *ou* Tigre d'Amérique.

Panthère.

Léopard.

Cougouar, Puma.

Lynx.

Loups-cerviers.
Chat-cervier.
Lynx des marais.
Lynx botté.

Caracal.

Ocelot.

Chati.

Chat de Cafrerie.

Serval.

GENETTE.

   Genette commune.
   Genette du Cap.

ONDATRA du Canada.

DESMAN de Laponie.

FOURMILIERS.

   Tamanoir.
   Tamandua.
   Fourmilier de la Guyane, à deux doigts.
   Cochon de terre *ou* Fourmilier du Cap.

PANGOLIN ou FOURMILIER écailleux.

   Phatagin.

TATOUS.

   Tatou-ouassou *ou* Kabassou.
   Tatouète.
   Tatou-pèbe *ou* Encoubert.
   Tatou-apar
   Tatou-ouinchsm *ou* Cirquinçon.
   Tatou-miri *ou* Cachicame?

PACA.

SARIGUE ou OPOSSUM.

   Sarigue du Brésil.
   Sarigue des Illinois.
   Sarigue à longs poils.

MARMOSE.

CAYOPOLLIN.

PHILANDRE de Surinam.

ÉLÉPHANT.

   Éléphant des Indes.
   Éléphant d'Afrique.

RHINOCÉROS.

   Rhinocéros à une corne.
   Rhinocéros à deux cornes.

CHAMEAU.

   Chameau de Bactriane *ou* à deux bosses, Chameau proprement dit.
   Dromadaire, Chameau d'Arabie *ou* à une bosse.

ÉLAN.

RENNE.

GAZELLES.

   Gazelle commune de l'Asie occidentale.
   Kével du Sénégal.
   Korin du Sénégal.

   Jaguarondi.
   Chat domestique.
   Guépard *ou* Tigre chasseur des Indes.

AMPHIBIES.

Phoques.

   Phoques proprement dits.

   Phoque commun. Phoque à croissant. Phoque barbu. Phoque à ongles blancs. Phoque à queue de Lièvre.

   Sténorhinques.

   Pélages.

   Phoque à ventre blanc ou Moine.

   Stemmatopes.

   Phoque à capuchon.

   Maororhines.

   Phoque à trompe. (Lion marin, Loup marin, Éléphant marin.)

   Phoques à oreilles extérieures.

   Phoque à crinière. Ours marin. Petit Phoque noir.

Morses.

   (Vache marine, Cheval marin, Bête à la grande dent).

MARSUPIAUX ou ANIMAUX A BOURSES.

SARIGUES.

   Sarigue à oreilles bicolores.
   Gamba *ou* Grand Sarigue du Paraguay.
   Crabier.
   Quatre-œil.
   Sarigue à queue nue.
   Caropollin.
   Girison.
   Marmose.
   Touan.

CHIRONECTES.

   Petite Loutre de la Guyane.

Tzeïran de l'Asie centrale.
Koba du Sénégal *ou* la Grande Vache brune.
Kob du Sénégal *ou* la Petite Vache brune.
Algazel d'Arabie et d'Égypte.
Pasan d'Asie *ou* Gazelle du Bézoard.
Nanguer du Sénégal.
Antilope de Barbarie.
  (Antilope commune, Lidmée, Antilope des Indes).
Nagors.
  (Nagor du Sénégal, *Steenbok* ou Bouquetin du Cap, *Grysbok* ou Chèvre grise du Cap, *Blukbok* ou Chèvre pâle du Cap).
Chèvre sautante du Cap (*Sprintzbok*).
Sauteur des rochers du Cap (*Klippspringer*).
Bosbok du Cap *ou* Bouc des bois.
Ritbok du Cap *ou* Bouc des roseaux.
Chèvre bleue du Cap.
Gnou *ou* Niou du Cap.

BUBALE d'Afrique.
CANNA de l'Afrique australe.
CONDOMA du Cap.
NIL-GAUT de l'Inde.
GUIB du Sénégal.
CHÈVRE DE GRIMM du Sénégal.
CHEVROTAINS.
  Chevrotain des Indes.
  Guevei du Sénégal.
  Mémina des Indes orientales.
  Chevrotain de Java *ou* Petite Gazelle.
MUSC.
TAPIR d'Amérique *ou* **ANTA.**
HIPPOPOTAME.
CABIAI d'Amérique.
PORC-ÉPIC.
  Porc-épic des Indes.
  Porc-épic de Malacca.
  Coendou de la Guyane.
  Coendou à longue queue.

URSON.
TANREC.
TENDRAC.
GIRAFE.

*THYLACINES.

*PHASCOGALES.
  — à pinceau.
  — dain.

*DASYURES.
  Dasyure hérissé. — à longue queue. — de Maugé. — de White.

*PÉRAMÈLES.

*PHALANGERS.
  Phalangers proprement dits.
  (*Phalanger oursin. — à croupe dorée. — tacheté. — à front concave. — Quoy. — Renard. — de Cook. — de Bougainville.*)
  Phalangers volants.
  (*— nain. — grand. — bordé. — à pieds velus. — à longue queue.*)

*POTOROOS.
  Kangurou-rat.

*KANGUROUS.
  Kangurou-géant. — d'Aroé. — élégant.

*KOALA.
*PHASCOLOMES.
  Wombat.

RONGEURS.
  Écureuils.
  *Écureuils proprement dits.
  Écureuil commun. Écureuil gris de Caroline. Écureuil à masque. Grand Écureuil des Indes. Barbaresque. Palmiste. Suisse. Guerlinguets.

  *Polatouches.
  Taguan.
  *Aye-Aye.

LAMA de l'Amérique du Sud.
PACO de l'Amérique du Sud.
VIGOGNE de l'Amérique du Sud.
PARESSEUX.
  Unau.
  Aï.
  Kouri *ou* Petit Unau.

SURIKATE.
PHALANGER de Surinam.
COQUALLIN ou ÉCUREUIL ORANGÉ
  du Mexique.
GERBOISES.
  Tarsier.
  Gerbo.
  Alagtaga.
  Daman Israel.

TARSIER d'Amérique.
MANGOUSTE d'Égypte *ou* ICHNEUMON.
FOSSANE ou GENETTE de Madagascar.
VANSIRE de Madagascar.
GLOUTON du Nord.
CARCAJOU d'Amérique.
KINKAJOU.
MOUFFETTES d'Amérique.
  Coase.
  Chinche.
  Conepatl *ou* Putois d'Amérique.
  Zorille.
  Mouffette du Chili.

LORIS.
  Loris de Ceylan.
  Loris du Bengale.

SINGES.
  Orangs-outangs.
    Pongo.
    Jocko.
  Pithèques.
  Gibbon.
  Magot *ou* Cynocéphale (Tête de
    Chien).
    Magot *ou* Grand Cynocéphale.
    Petit Cynocéphale.

Rats.
  * Marmottes.
    (— *des Alpes.* — *de Pologne* ou
    Bobac. — *d'Amérique.* — *Zizel*
    ou *Souslik.* — *Chien des prai-*
    ries ou *Écureuil jappant d'A-*
    mérique.)
  * Loirs.
    Loir. Lérot. Muscardin.
  * Échimys.
    (— *à queue dorée.* — *roux.* —
    dactylin).
  * Hydromys.
  * Houtias.
  * Rats proprement dits.
    Souris. Rat commun. Surmulot, etc.
  * Gerbiles.
    (— *des Indes.* — *des Tamarix.* —
    des Pyramides.)
  * Mérions.
  * Hamsters.
    — *commun* ou *Marmotte d'Alle-*
    magne.
  * Campagnols.
    Ondatras. (*Rat musqué* du Canada.)
    Campagnol commun.
      Rat d'eau. Schermaus ou *Rat fouis-*
      sant. Campagnol ou *petit Rat des*
      champs. Campagnol des prés.
    Lemmings.
      Lemming du Nord. Zocoe. Lemming
      de la baie d'Hudson.
  * Otomys.
  * Gerboises.
    Gerboa. Alactaga.

* Hélamys.
* Rats-Taupes. (*Zemni, Slepetz,*
  Rat-Taupe aveugle.)
    Oryctères. (— *des Dunes.* — *à*
    tache blanche.)
    Géomys.
* Diplostoma.

Papion *ou* Babouin.

 Babouin des bois.
 Babouin à longues jambes.
 Babouin à museau de Chien.
 Choras des Indes.
 Mandrill.
 Ouanderou.
 Louando de Ceylan.

Maïmon.

Guenons.

 Macaque du Congo.
 Aigrette du Congo.
 Macaque à queue courte.
 Patas.
 Patas à queue courte.
 Malbrouck *ou* Bonnet chinois.
 Mangabeys de Madagascar.
 Mône *ou* Nonne.
 Mona de Guinée.
 Callitriche *ou* Singe vert.
 Moustac.
 Guenon à long nez.
 Guenon à museau allongé.
 Guenon couronnée.
 Guenon à camail.
 Blanc-nez.
 Roloway *ou* Palatine.
 Guenon à face pourpre.
 Guenon à crinière.
 Guenon nègre.
 Talapoin Douc.

Makis de l'Afrique orientale.
 Mokoko.
 Mahi brun *ou* Mongou.
 Vari.
 Petit Maki-gris.

Singes du Nouveau Continent.
Sapajous.
 Ouarine *ou* Gouariba.
 Alouate de Cayenne.
 Coaita.
 Exquima.
 Sajou *ou* Sapajou proprement dit.
 Sapajou gris.
 Sapajou brun *ou* Singe capucin.
 Saï *ou* le Pleureur.
 Saïmiri, Sapajou orangé *ou* Singe au-
  rore.
 Sajou nègre.
 Sajou cornu.

*Castors.

 Castor du Canada. Castor o
  Bièvre d'Europe.

*Couïa.

*Porcs-épics.

 Porc-épic proprement dit.
 Athérures. (*Porc-épic à queue e*
  pinceau.)
 Ursons.
 Coendous.

Lièvres.

 ⁺Lièvres proprement dits.

 Lièvre commun. Lièvre variable
  Lapin. Lapin de Sibérie. Lapi
  d'Amérique. Lièvre d'Afrique.
 ⁺Lagomys. (*Nain. Gris. Pica.*)

*Cabiais.

*Cochon d'Inde *ou* Cobaye.
 Apéréa.
 Mocos.

*Agoutis (*ordinaire. — Acouchi*
 —Lièvre pampas).

*Pacas.

*Chinchilla.
 Viscache.

ÉDENTÉS.

TARTIGRADES.

*Paresseux.
 Aï. Unau.

ÉDENTÉS ORDINAIRES.

Tatous.

 Cachicames. (*Tatou noir, Cachi-*
  came, Tatou à longue queue,
  Tatou-Mulet.)
 Apars. (*Apara.*)
 Encouberts. (*Encoubert et Cir-*
  quinson.)
 Cabassous.
 Priodontes. (*Tatou géant. Ca-*
  bassou.)

Sagouins.
  Saki.
  Yarqué.
  Singe de nuit de Cayenne.
  Tamarin.
  Tamarin nègre.
  Ouistiti.
  Marikina *ou* Petit Lion.
  Pinche.
  Mico.

Phoques.
  Phoque à museau ridé.
  Phoque à ventre blanc.
  Phoque à capuchon.
  Phoque à croissant.
  Le Neitsoak.
  Le Latkak.
  Le Gassigiak.
  Phoque commun *ou* Veau marin.
  Ours marin.
  Lion marin.

Morses.
  Morse commun *ou* Vache marine.
  Dugon.

Lamantins.
  Grand Lamantin du Kamtschatka.
  Grand Lamantin des Antilles.
  Grand Lamantin de la mer des Indes.
  Petit Lamantin d'Amérique.
  Petit Lamantin du Sénégal.

Chlamyphores.

Oryctéropes (*du Cap*).

Fourmiliers.
  Tamanoir. Tamandua. Fourmilier à deux doigts.

*Pangolins *ou* Fourmiliers écailleux.(—*à queue courte.* — *à longue queue.*)

MONOTRÈMES.

*Échidnés *ou* Fourmiliers épineux.
  Échidné épineux. Échidné soyeux.

* Ornithorhynques.

PACHYDERMES.

PROBOSCIDIENS.

Éléphant. (— *des Indes.* — *d'Afrique.*)

PACHYDERMES ORDINAIRES.

Hippopotame.

*Cochon.
  Cochons proprement dits.
    Sanglier. Sanglier à masque ou d'Afrique. Babiroussa ou Cochon-cerf.

  Phacochœres.
    Cochon du cap Vert. Cochon du Cap.

  Pécaris.
    Pécari à collier ou Patira. Tagnicati, Taitetou, Tajassou.

*Rhinocéros. (—*des Indes.*— *de Java.* — *de Sumatra.* — *d'Afrique.*)

*Damans.

*Tapirs. (— *d'Amérique.* — *d'Asie.*)

SOLIPÈDES.

*Chevaux.

CUVIER.

Cheval. Dzigguétaï. Ane. Zèbre.
Couagga. Onagga *ou* Dauw.

RUMINANTS.

SANS CORNES.

Chameaux.

Chameaux proprement dits.
— *à deux bosses.* — *à une bosse*
ou *Dromadaire.*

*Lamas.

Lama ou *Guanaco. Vigogne.*

*Chevrotains.

Musc.

AVEC CORNES.

*Cerfs.

Élan. Renne. Daim. Cerf commun. Cerf du Canada. Cerf
de la Louisiane *ou* de Virg-
nie. Guazou-Poucou *ou* grand
Cerf rouge. Guazouti. Cerf
tacheté de l'Inde *ou* Axis. Chevreuil d'Europe. Chevreuil
de Tartarie. Guazoupita. Chevreuil des Indes.

*Girafe.
*Antilopes.

Gazelle. Corinne. Kevel. Dse-
ren. Springbock. Saïga. Na-
guer. Antilope des Indes.
Antilope de Nubie. Bubale
ou Vache de Barbarie. Caama
ou Cerf du Cap. Antilope lai-
neuse. Antilope plongeante.
Sauteur des rochers. Grimm.
Guevei. Nagor. Chamois du
Cap (Pasan de Buffon). Algazel. Antilope bleue *ou* Chèvre
bleue (Tsciran de Buffon).
Antilope chevaline. Antilope
de Sumatra. Canna *ou* Imp-
oko, Élan du Cap (Coudou
de Buffon). Coudous (Con-
doma de Buffon). Antilo-

furcifère. Tchicarra. Nylgau.
Chamois. Gnou *ou* Niou.

*Chèvres.

OEgagre *ou* Chèvre sauvage.
Bouc *et* Chèvre domestiques.
Bouquetin. Bouquetin du
Caucase.

*Moutons.

Argali de Sibérie. Mouflon de
Sardaigne. (Muffoli de Corse.)
Mouflon d'Amérique. Mou-
flon d'Afrique. Moutons domestiques.

*Bœufs.

Bœuf ordinaire. Aurochs *ou*
Bison. Bison d'Amérique *ou*
Buffalo. Buffle. Gyall *ou*
Bœuf des Jongles. Yack *ou*
Vache grognante de Tartarie.
Buffle du Cap. Bœuf musqué
d'Amérique.

CÉTACÉS.

HERBIVORES.

*Lamantins *ou* Manates. Bœuf
marin. Vache marine.

*Dugongs. Sirène. Vache ma-
rine.

*Stellères.

ORDINAIRES ou SOUFFLEURS.

*Dauphins.

Dauphins proprement dits.
*Dauphin ordinaire. Grand Dau-
phin.*

Marsouins.
*— commun. Épaulard. Épau-
lard à tête ronde.*

Delphinaptères.
Béluga ou *Épaulard blanc. —
Béluga à museau blanc.*

Hyperoodons.

OISEAUX DE PROIE.

OISEAUX CARNASSIERS.

AIGLES.

Grand Aigle.
Aigle commun.
Petit aigle.
Pygargue.
Balbuzard.
Orfraie.
Jean le blanc.
Aigle de Pondichéry.
Urutanrana *ou* Aigle de l'Orénoque.
Urubitinga du Brésil.
Petit Aigle d'Amérique.
Pêcheur des Antilles.
Mansfeni des Antilles.

VAUTOURS.

Percnoptère
Griffon, Vautour fauve, Vautour doré.
Grand Vautour.
Vautour à aigrettes.
Petit Vautour.
Vautour brun d'Afrique.
Sacre d'Égypte.
Roi des Vautours de l'Amérique méridionale.
Urubu du Brésil.
Condor des Andes.

MILANS.

Milan royal d'Europe.
Milan noir.
Milan de la Caroline.
Caracara du Brésil.

BUSES.

Buse.
Bondrée.
Le Saint-Martin *ou* Faucon lanier.

---

* Narwals.
* Cachalots.
  Physétères.
* Baleines.
  Baleine franche. Gibbar. Jubarte. Rorqual.

2e Classe des Vertébrés.
OISEAUX.

OISEAUX DE PROIE.

DIURNES.

* Vautours.

  Vautours proprement dits.
  Vautour fauve. — Percnoptère Buffon.
  Vautour brun.
  Oricou.
  Roi des Vautours.
  *Condor *ou* grand Vautour Andes.

  + Cathartes.
  Vautourin.
  + Aura.

  + Percnoptères.
  Percnoptère d'Égypte.
  Urubu.

* Griffons.
  Læmmer - Geyer *ou* Vautour Agneaux.

Faucons.

* Faucons proprement dits.
  Faucon ordinaire.
  Lanier.
  Hobereau.
  Émerillon.
  Crécerelle.
  Petite Crécerelle.
  Crécerelle grise.

  ' Gerfaut.

BUFFON.

Soubuse *ou* Faucon à collier.
Harpaye.
Busard.
Buse cendrée de la baie d'Hudson.

ÉPERVIER.
Épervier commun.
Épervier à gros bec de Cayenne.
Épervier des Pigeons, de la Caroline.

AUTOURS.
Autour commun.
Petit Autour de Cayenne.

GERFAUT.
LANIER.
SACRE.
FAUCONS.
Faucon-Sors, *ou* Hagard, *ou* Faucon gentil.
Faucon blanc du Nord.
Faucon noir.
Faucon rouge de l'Inde.
Falco indicus cirrhatus.
Tanas du Sénégal.

HOBEREAU.
CRÉCERELLE.
ROCHIER.
ÉMÉRILLON.
PIE-GRIÈCHES.
Pie-grièche grise.
Pie-grièche rousse.
Écorcheur.
Fingah. Rouge-queue. Langraien et Tcha-chert. Bécarde. Schet-bé. Tcha-chert-bé. Gonolek. Cali-calic. Bruia. Pie-grièche huppée.

OISEAUX DE PROIE NOCTURNES.

Hibous.
Duc *ou* Grand-Duc.
Hibou *ou* Moyen-Duc.
Scops *ou* Petit-Duc.
Cabouré du Brésil.

Chouettes.
Hulotte *ou* Huette.
Chat-Huant.
Effraie *ou* Fressaie.

CUVIER.

Aigles.

*Aigles proprement dits. — Aigle commun —Aigle royal.—Aigle impérial. — Petit Aigle *ou* Aigle tacheté, etc.

* Aigles pêcheurs. — Orfraie et Pigargue.—Aigle à tête blanche. — Petit Aigle des Indes, etc.

*Balbuzards.

* Circaètes.—Jean le blanc. — Pêcheur. — Caracara. — Petit Aigle à gorge nue.

*Harpies *ou* Aigles pêcheurs à ailes courtes. — Grande Harpie d'Amérique.

* Aigles-Autours. — Aigle-Autour huppé de la Guyane.—Urubitinga. —Aigle-Autour noir huppé d'Afrique.—Aigle-Autour varié *ou* Urutaurana. — Petit Autour de Cayenne.

Autours.

* Autours proprement dits.

* Autour ordinaire. — Autour rieur *ou* à calotte blanche, etc.

*Éperviers.

*Épervier commun. — Épervier chanteur.

* Milans.

Milan commun, etc.

* Bondrées.

Bondrée commune. — Bondrée huppée de Java.

* Buses.

Buse pattue.— Buse commune.— Bacha.

* Busards.

Soubuse. — Oiseau Saint-Martin. — Busard cendré. — Harpaye.

* Messagers.

BUFFON.

Chouette proprement dite *ou* grande Chevêche.
Chevêche *ou* petite Chouette.
Caparacoch de la baie d'Hudson.
Harfang du Nord.
Chat-Huant de Cayenne.
Chouette *ou* grande Chevêche du Canada.
Chouette *ou* grande Chevêche de Saint-Domingue.

AUTRUCHE.
TOUYOU ou AUTRUCHE d'Amérique.
CASOAR.
DRONTE.
Solitaire.
Oiseau de Nazareth.

OUTARDES.
Grande Outarde.
Petite Outarde *ou* Canepetière.
Lohong *ou* Outarde huppée d'Arabie.
Outarde d'Afrique.
Churge *ou* Outarde moyenne des Indes.
Houbara *ou* petite Outarde huppée d'Afrique.
Rhaad, autre petite Outarde huppée d'Afrique.

COQ.
Poules communes.

DINDON.
PEINTADE.
TÉTRAS *ou* grand Coq de bruyère.
Petit Tétras ou Coq de bruyère à queue fourchue.
Petit Tétras à queue pleine.
Petit Tétras à plumage variable.
Racklan de Suède.
Poule moresque *ou* Coq noir d'Écosse.

GELINOTTE.
Gelinotte d'Écosse.
Ganga *ou* Gelinotte des Pyrénées.
Gelinotte du Canada.
Coq de bruyère à fraise *ou* grosse Gelinotte du Canada.

CUVIER.

OISEAUX DE PROIE NOCTURN[ES]

Strix.
*Hibous.
Grand Hibou à huppes court[es]
Hibou commun *ou* Moyen-[Duc]
Chouette *ou* Moyen-Duc à [hup]pes courtes.

*Chouettes.
Grande Chouette grise de L[apo]nie, etc.

*Effraies.
*Chats-Huants.
*Ducs.
Grand-Duc.

*Chouettes à aigrettes.
*Chevêches.
Harfang. — Chevêche à pieds plumés. — Chevêche comm[une] — Chevêche fauve. — Chev[êche] noire *ou* Huhul. — Chevêc[he à] collier, etc.

*Scops.

PASSEREAUX.

DENTIROSTRES.

Pies-grièches.
*Pies-grièches proprement di[tes]
Pie-grièche commune. — P[...] Pie-grièche *ou* d'Italie. — [Pie-]grièche rousse.—Écorcheur[...]

*Vangas.
*Langrayen *ou* Pie-grièches-rondelles.
*Cassicans.
*Calybés.
Calybé de Paradis.— Calybé c[...]

*Bécardes.
*Choucaris.

Gelinotte à longue queue de la baie d'Hudson.

ATTAGAS.

Attagas blanc de Suisse.

LAGOPÈDE.

Lagopède commun *ou* Perdrix blanche.

Lagopède de la baie d'Hudson.

PAON.

Paon blanc.

Paon panaché.

Chinquis.

FAISAN.

Faisan blanc.

Faisan varié.

Cocquard *ou* Faisan bâtard.

Faisan doré de la Chine.

Faisan noir et blanc de la Chine.

Argus *ou* Luen.

Napaul *ou* Faisan cornu.

Katraca.

Spicifère.

Éperonnier.

Hoccos.

Hocco proprement dit.

Pauxi *ou* le Pierre.

Hoazin.

Yacou.

Marail.

Caracara.

Chacamel.

Párraca et Hoitlallotl.

PERDRIX.

Perdrix grise.

Perdrix grise-blanche.

Petite Perdrix grise.

Perdrix de montagne.

Perdrix rouges.

Bartavelle *ou* Perdrix grecque.

Perdrix rouge d'Europe.

Perdrix rouge-blanche.

Perdrix rouge de Barbarie.

Perdrix de roche *ou* de la Gambra.

Perdrix perlée de la Chine.

Perdrix de la Nouvelle-Angleterre.

Tocro *ou* Perdrix de la Guyane.

FRANCOLIN.

Bis-ergot.

* Béthyles.

* Falconelles *ou* Pies - grièches-Mésanges.

* Pardalotes *ou* Pies - grièches-Roitelets.

Gobes-Mouches.

† Tyrans.

* Moucheroles.

* Gobes - Mouches proprement dits. (— gris. — à collier. — bec-figue.)

Gymnocéphales.

* Céphaloptères.

* Cotingas.

Cotingas ordinaires. (Ouette. — Pompadour. — Cordon bleu.)

Tersines.

Échenilleurs.

Jaseurs.

Procnias.

— proprement dits. — Averanos.

Gymnodères.

* Drongos.

Phibalures.

Tangaras.

* Bouvreuils.

* Gros-becs.

* Tangaras proprement dits.

† Loriots.

* Cardinals.

* Rhamphocèles.

Merles.

* Merles proprement dits.

Merle commun. — Merle à plastron blanc, etc.

* Grives.

Drenne. — Litorne. — Grive proprement dite. — Mauvis. — Moqueur, etc.

Gorge-nue et Perdrix rouge d'Afrique.

CAILLES.
Crokiel *ou* grande Caille de Pologne.
Caille blanche.
Caille des îles Malouines.
Fraise *ou* Caille de la Chine.
Turnix *ou* Caille de Madagascar.
Réveil-matin *ou* Caille de Java.
Colins.
Zonécolin.
Grand Colin.
Cacolin.
Coyolcos.
Colenicui.
Ococolin *ou* Perdrix de montagne.

PIGEON.
Ramier.
Pigeon-Ramier des Moluques.
Fourningo.
Ramiret.
Pigeon de Nicobar.
Le Crownvogel.

TOURTERELLE.
Tourterelle commune.
Tourterelle du Canada.
Tourterelle du Sénégal.
Tourocco.
Tourtelette.
Turvert.
Tourterelles du Portugal, de la Chine, des Indes et d'Amboine.
Tourte.
Cocotziu.

CRAVE OU CORACIAS.
CORACIAS HUPPÉ OU LE SONNEUR.
CORBEAU.
CORBINE OU CORNEILLE NOIRE.
FREUX OU FRAYONNE.
CORNEILLE MANTELÉE.
Corneille du Sénégal.
Corneille de la Jamaïque.
Choucas.
Choquard *ou* Choucas des Alpes.
Choucas moustache.
Choucas chauve.

*Stournes.
*Turdoïdes.
*Grallines.
*Crinons.

*Fourmiliers.
Roi des fourmiliers. — Orthonga.

*Cincles.
*Philedon.
*Mainates.
*Martins.
*Manorhines.
Chocards.
— des Alpes. — *Sicrin.

*Loriots.
*Goulins.
*Lyres.
Becs-fins.
Traquets. (Traquet. — Tarier. — Motteux *ou* cul-blanc. — Motteux à gorge noire.)
Rubiettes. (rouge - gorge. — gorge bleue. — gorge noire *ou* Rossignol de muraille. — rouge-queue.)
*Fauvettes. (Rossignol. — Rousserolle *ou* Rossignol de rivière. — Petite Rousserolle Effervatte. — Fauvette des roseaux *ou* Fauvette à tête noire. — Fauvette proprement dite. — Fauvette rayée. Fauvette babillarde. — Fauvette roussâtre. — Petite Fauvette *ou* Passerinette. — Fauvette d'hiver *ou* Traîne-buissons. — Accentor à joues noires.
*Roitelets *ou* Figuiers. (Roitelet.

Choucas de la Nouvelle-Guinée.
Choucari de la Nouvelle-Guinée.
Col-nu de Cayenne.
Balicase des Philippines.

Pie.

Pie commune.
Pie du Sénégal.
Pie de la Jamaïque.
Pie des Antilles.
Ocisana.
Vardiole.
Zanoé.

Geai.

Geai commun.
Geai de la Chine à bec rouge.
Geai du Pérou.
Geai brun du Canada.
Geai de Sibérie.
Blanche - coiffe *ou* Geai de Cayenne.
Garlu *ou* Geai à ventre jaune de Cayenne.
Geai bleu de l'Amérique septentrionale.

Casse-noix.

Rolle de la Chine.

Grivert *ou* Rolle de Cayenne.

Rolliers.

Rollier d'Europe.
Rollier d'Abyssinie.
Rollier du Sénégal.
Rollier d'Angola.
Le Cuit *ou* Rollier de Mindanao.
Rollier des Indes.
Rollier de Madagascar.
Rollier du Mexique.
Rollier de Paradis.

Oiseaux de Paradis.

Manucode.
Magnifique de la Nouvelle-Guinée *ou* Manucode à bouquets.
Manucode noir de la Nouvelle-Guinée *ou* le Superbe.
Sifilet *ou* Manucode à six filets.

Calybé de la Nouvelle-Guinée.

Pique-Bœuf.

— Pouillot. — Grand Pouillot.)

Troglodytes.

Hochequeue.

Hochequeues proprement dits *ou* Lavandières.

Bergeronnettes.

Farlouses. (Pipi. — Farlouse *ou* Alouette de pré.)

Manakins.

Coqs de roche.
Calyptomènes.
Vrais Manakins.

Eurylaimes.

FISSIROSTRES.

Hirondelles.

Martinets.
Hirondelles proprement dites.

— de fenêtre. — de cheminée.
— de rivage. — Salangane.

Engoulevents.

Podarges.

— cendré. — roux. — cornu.

CONIROSTRES.

Alouettes.

Alouette des champs. — Cochevis *ou* Alouette huppée.— Alouette des bois. — Alouette à hausse-col noir. — Calandre. — Alouette de Tartarie. Sirli.

Mésanges.

Charbonnière. — Petite Charbonnière. — Nonnette. —

ÉTOURNEAU.

Étourneau blanc. — Étourneau
noir et blanc. — Étourneau
gris-cendré. — Étourneau-Pie
du Cap. — Stourne *ou* Étourneau de la Louisiane. — Tol-
cana. — Cacastol. — Pimalot.
— Blanche-raie *ou* Étourneau
des terres Magellaniques.

TROUPIALES.

Troupiale. — Acolchi. — L'Arc-
en-queue. — Gapacani. — Le
Xochitol et le Costotol. —
Tocolin. — Le Commandeur.
Troupiale noir. — Petit Troupiale noir. — Troupiale tacheté de Cayenne. — Trou-
piale olive de Cayenne. —
Cap-more du Sénégal. — Le
Siffleur. — Le Baltimore. —
Le Baltimore bâtard. — Cassique jaune du Brésil *ou* Ya-
pou. — Cassique vert de
Cayenne. — Cassique huppé
de Cayenne. — Cassique de
la Louisiane.

CAROUGE.

Petit cul-jaune de Cayenne. —
Coiffe-jaune de Cayenne. —
Carouge olive de la Lousiane.
— Kink de la Chine.

LORIOT.

Couliavan. — Loriot de la Chine.
— Loriot des Indes.

LORIOT RAYÉ.

GRIVES.

Grive proprement dite.

Grive blanche. — Grive huppée.
— Grive de la Guyane. —
Grivette d'Amérique. — Rous-
serole.

Draine.

Litorne.

Litorne commune. — Litorne de
Cayenne. — Litorne du Ca-
nada.

Mauvis.

Grive-bassette de Barbarie.

Mésange à tête bleue — Mésange huppée. — Mésange
longue queue.

Moustaches.

Remiz.

Bruants.

Bruant commun. — fou. — de
haies. — des roseaux. —
Proyer. — Ortolan. — Bruar
à tête noire. — Bruant de
pins. — Bruant de neige. —
Bruant de Laponie.

Moineaux.

Tisserins.

Toucnam. — Courvi des Phili
pines. — Le Républicain. — I
Mangeur de riz *ou* petit Cho
cas de Surinam.

Moineaux proprement dits.

Moineau domestique. — Friqu
ou moineau de bois.

Pinçons.

Pinçon ordinaire. — Pinçon d
montagne. — Pinçon de neig
ou Niverolle.

Chardonnerets *ou* Linottes.

Siserin, Cabaret *ou* petite Linott
— Grande Linotte. — Tari
commun. — Venturon. — Sin
— Serin des Canaries.

Veuves.

Gros-becs.

Gros-bec commun. — Verdier. —
Soulciet.

Pitylus.

Bouvreuils.

Becs-croisés.

Durs-becs.

Colious.

Tilly *ou* Grive cendrée d'Amérique.

Petite Grive des Philippines.

Hoamy de la Chine.

Grivalette de Saint - Domingue.

Petit Merle huppé de la Chine.

MOQUEUR.

Moqueur commun. — Moqueur d'Amérique.

MERLE.

Merle à plastron blanc.

Merle blanc.
Grand Merle de montagne.

Merle couleur de rose.—Merle de roche. — Merle bleu. — Merle solitaire.

Merle solitaire de Manille.
Merle solitaire des Philippines.

Jaunoir du Cap. — Merle huppé de la Chine. — Podobé du Sénégal. — Merle de la Chine. — Vert doré *ou* Merle à longue queue du Sénégal. — Fer à cheval *ou* Merle à collier d'Amérique. — Merle vert d'Angola. — Merle violet de Juida. — Plastron noir de Ceylan. — Oranvert *ou* Merle à ventre orangé du Sénégal.—Merle brun du Cap. — Baniahbou du Bengale. — Ourouvang *ou* Merle cendré de Madagascar.—Merle des Colombiers.—Merle olive du Cap. — Merle gorge-noire de Saint-Domingue. — Merle du Canada. — Merle olive des Indes. — Merle cendré des Indes. — Merle brun du Sénégal. — Tanaombé *ou* Merle de Madagascar. — Merle de Mindanao.—Merle

* Pique-bœufs.

* Cassiques.

Cassiques.
* Troupiales.
Carouges.
Oxyrinques.
Pit-pits.

* Étourneaux.

(Étourneau commun.)

Corbeaux.

* Corbeaux proprement dits.

Corbeau commun.—Corneille.— Freux. — Corneille mantelée. — Choucas *ou* petite Corneille des clochers.

* Pies.

Pie d'Europe, etc.

* Geais.

Geai d'Europe, etc.

Casse-noix.

Casse-noix ordinaire, etc.

* Temia.

* Glaucopis.

Rolliers.

* Rolliers proprement dits.

(Rollier commun.)

* Rolles.

* Oiseaux de Paradis.

Oiseau de Paradis émeraude. — Oiseau de Paradis rouge. — Manucode. — Le Magnifique. — Le Sifilet. — Le Superbe. — L'Orangé.

TÉNUIROSTRES.

* Sittelles *ou* Torchepots.

(Torchepot commun)

vert de l'Ile-de-France. — Casque noir *ou* Merle à tête noire du Cap. — Brunet du Cap. — Merle brun de la Jamaïque. — Merle à cravate de Cayenne. — Merle huppé du Cap. — Merle d'Amboine. — Merle de l'île de Bourbon. — Merle dominicain des Philippines. — Merle vert de la Caroline. — Térat-Boulan *ou* Merle des Indes. — Saui-Jala *ou* Merle doré de Madagascar. — Merle de Surinam. — Le Palmiste. — Merle violet à ventre blanc de Juida. — Merle roux de Cayenne. — Petit Merle brun à gorge rousse de Cayenne. — Merle olive de Saint-Domingue. — Merle olivâtre de Barbarie. — Moloxita *ou* Religieuse d'Abyssinie. — Merle noir et blanc d'Abyssinie. — Merle brun d'Abyssinie.

GRISIN de Cayenne.

VERDIN de la Cochinchine.

AZURIN.

BRÈVES.

MAINATES.

GOULIN.

MARTIN.

JASEUR.

GROS-BEC.

Gros-bec d'Europe. — Gros-bec de Coromandel. — Gros-bec bleu d'Amérique. — Dur-bec. — Cardinal huppé. — Rose-gorge. — Grivelin. — Rouge-noir. — Flavert. — Queue en éventail. — Padda *ou* Oiseau de riz. — Touenam-Courvi. — Orchef. — Gros-bec nonette. — Grisalbin. — Quadricolor. — Le Jacobin et le

---

*Sittines.

*Anabates.

*Synallaxes.

Grimpereaux.

  Vrais Grimpereaux.
    (— Grimpereau d'Europe.)

  Picucules.

  Échelettes *ou* Grimpereaux de murailles.

  Sucriers.
    (Fournier.)

  Dicées.

  Héorotaires.

  Souï-Mangas.

  Arachnothères.

Colibris.

  Colibris proprement dits.
    (Colibri topaze.)

  Oiseaux-Mouches.
    (Le plus petit. — Le géant.)

Huppes.

  Craves.
    (Crave d'Europe.)

  Huppes proprement dites.
    (Huppe commune. — Huppe du Cap.)

  Promérops.

  Épimaques.
    (Épimaque à parements frisés. — Épimaque à douze filets. — Épimaque proméfil. — Épimaque royal.)

SYNDACTYLES.

*Guêpiers.

  Guêpier commun.

*Momots.

Domino. — Le Baglafat. — Gros-bec d'Abyssinie.—Guif-so-Balito. — Gros-bec tacheté. — Grivalin à cravate.

BEC-CROISÉ.

MOINEAU.

Moineau commun. — Moineau du Sénégal.—Moineau à bec rouge du Sénégal. — Père-noir. — Dattier.

FRIQUET.

Passe-vert. — Passe-bleu. —Foudis. — Friquet huppé. –Beau marquet.

SOULCIET.

Soulciet. — Paroar.—Le Croissant.

SERIN des Canaries.

Worabée. — Outre-Mer.—Habesch de Syrie.

LINOTTE.

Linotte blanche. — Linotte aux pieds noirs.—Gyntel de Strasbourg. — Linotte de montagne. — Cabaret. — Vengoline. .— Linotte gris-de-fer. Linotte à tête jaune.—Linotte brune.

MINISTRE de la Caroline.

BENGALIS.

Bengali ordinaire. — Bengali brun. — Bengali piqueté.

SÉNÉGALIS.

Sénégali ordinaire. — Sénégali rayé. — Sérévan. — Petit Moineau du Sénégal.

MAÏA.

MAÏAN de la Chine.

PINSONS.

Pinson à ailes et queue noires. — Pinson brun. — Pinson brun huppé.—Pinson blanc. —Pinson à collier.—Pinson d'Ardennes. — Grand Montain. — Pinson de neige ou Niverolle. — Brunor.—Bru-

Martins-pêcheurs.

Ceyx.

Todiers.

Calaos.

GRIMPEURS.

Jacamars.

Jacamars proprement dits.

Jacamérops.

Pics.

Grand Pic noir.

Pic vert.

Épeiche ou grand Pic varié.

Moyen Épeiche.

Petit Épeiche.

Picoïdes.

Torcols.

Coucous.

Vrais Coucous.

Couas.

Coucals.

Courols ou Vouroudrious de Madagascar.

Indicateurs.

Barbacous.

Malcohas.

Scythrops.

Barbus.

Barbicans.

Barbus proprement dits.

Tamacias.

Couroucous.

Anis.

Toucans.

Toucans proprement dits.

Aracaris.

net. — Bonana. — Pinson à tête noire et blanche. — Pinson noir aux yeux rouges. — Pinson noir et jaune. — Pinson à long bec. — Olivette. — Pinson jaune et rouge. — Tonite. — Pinson frisé. — Pinson à double collier.

NOIR-SOUCI.

VEUVES.

Veuve au collier d'or. — Veuve à quatre brins. — Veuve Dominicaine. — Grande Veuve. — Veuve à épaulettes. — Veuve mouchetée. — Veuve en feu. — Veuve éteinte.

GRENADIN.

VERDIER.

PAPE.

Toupet bleu. — Parement bleu. — Vert-brunet. — Verdinère. Verderin. — Verdier sans vert.

CHARDONNERET.

Chardonneret à poitrine jaune. — Chardonneret à sourcils et front blancs. — Chardonneret à tête rayée de rouge et de jaune. — Chardonneret à capuchon noir. — Chardonneret blanchâtre. — Chardonneret blanc. — Chardonneret noir. — Chardonneret noir à tête orangée. — Chardonneret métis. — Chardonneret à quatre raies. — Chardonneret vert *ou* Maracaxao. — Chardonneret jaune.

SIZERIN.

TARINS.

Catotol.

Acatéchili.

TANGARAS.

Grand Tangara. — Houpette. — Tangavio. — Scarlatte. — Tangara du Canada. — Tangara du Mississipi. — Le Camail *ou* la Cravate. — Le Mor-

Perroquets.

' Aras.

' Perruches.

Perruches-Aras.
Perruches à queue en flèche.
Perruches à queue élargie.
Perruches ordinaires.
Perruches à queue carrée.

' Cacatoës.

' Perroquets proprement dits.

(Perroquet gris *ou* Jaco.)

' Loris.

* Psittacules.

* Perroquets à trompe.

* Perruches ingambes.

* Touracos.

* Musophages.

GALLINACÉS.

Alectors.

* Hoccos.

(Mitou-Poranga.)

. Pauxi.

(Pierre *ou* Oiseau à pierre.)

* Guans *ou* Yacous.

* Parraquas.

Hoazin.

Paons.

Paon domestique.
* Paon spicifère.
* Éperonnier *ou* Chinquis.

* Lophophores.

Dindons.

Dindon commun. — * Dindon de la baie de Honduras.

* Peintades.

Faisans.

* Coqs.

Coq et Poule communs.

doré. — L'Onglet. — Le Tangara noir et le Tangara roux. — Le Turquin. — Le Bec d'Argent. — L'Esclave. — Le Bluet. — Le Rouge-Cap. — Le Tangara vert du Brésil. — L'Olivet. — Le Tangara-Diable enrhumé. — Le Verde-roux. — Le Passe-Vert. — Le Passe-Vert à tête bleue. — Le Tricolor. — Le Gris-Olive. — Le Septicolor. — Le Tangara bleu. — Le Tangara à gorge noire. — La Coiffe noire. — Le Rouverdin. — Le Siacou. — L'Organiste. — Le Jacarini. — Le Téité. — Le Tangara nègre.

L'OISEAU SILENCIEUX.

ORTOLAN.

Ortolan jaune. — Ortolan blanc. — Ortolan noirâtre. — Ortolan à queue blanche. — Ortolan de roseaux. — Coqueluche. — Gavoué de Provence. — Le Mitilène de Provence. — Ortolan de Lorraine. — Ortolan de la Louisiane. — Ortolan à ventre jaune du Cap. — Ortolan du Cap. — Ortolan de neige. (Ortolan Jacobin. — Ortolan de neige à collier.) — Agripenne ou Ortolan de riz. (Agripenne de la Louisiane.)

BRUANT.

Zizi ou Bruant de haie. — Bruant fou. — Le Proyer.

Guirnégat. — Thérèse jaune. — Flavéole. — Olive. — Amazone. — Embérize à cinq couleurs. — Mordoré. — Gauambouch. — Bruant familier. — Cul-rousset. — Azuroux. — Bonjour. — Commandeur. — Calfat.

BOUVREUIL.

Bouvreuil blanc. — Bouvreuil noir. — Grand Bouvreuil noir d'Afrique.

* **Faisans proprement dits.**

Faisan commun. — Faisan à collier. — Faisan d'argent. — Faisan doré. — Argus ou Luen.

* **Houppifères.**

+ **Tragopan.**

Napaul ou Faisan cornu.

Cryptonyx.

Rouloul de Malacca.

Tétras.

* **Coqs de bruyères.**

Grand Coq de bruyères.
Coq de bruyères à queue fourchue.
Gelinotte.
Gelinotte noire d'Amérique.
Coq de bruyères à fraise.
Coq de bruyères à ailerons.

* **Lagopèdes ou Perdrix de neige.**

Lagopède ordinaire, Perdrix des Pyrénées.
Lagopède des saules ou de la baie d'Hudson.
Poule de marais, Grous, etc.

Ganga ou Attagen.

Ganga ou Gelinotte des Pyrénées.

* **Perdrix.**

Francolins.
Perdrix ordinaires.
Perdrix grise.
Perdrix rouge.
Bartavelle ou Perdrix grecque, etc.

* **Cailles.**
Caille commune.

* **Colins, Perdrix et Cailles d'Amérique.**

Tridactyles.

* **Turnix.**
* **Syrrhaptes.**

+ **Tinamous.**

Bouveret. — Bouvreuil à bec blanc. — Bouveron. — Bec rond à ventre roux. — Bec rond *ou* Bouvreuil bleu d'Amérique.— Bouvreuil *ou* Bec-rond noir et blanc. — Bouvreuil *ou* Bec-rond violet de la Caroline.—Bouvreuil *ou* Bec-rond violet à gorge et sourcils rouges. — Huppe noire.
Hambouvreux.
Coliou.

MANAKINS.

Tijé *ou* grand Manakin.—Casse-noisette.—Manakin rouge.— Manakin orangé. — Manakin à tête d'or. — Manakin à tête rouge.—Manakin à tête blanche.—Manakin à gorge blanche. — Manakin varié.
Plumet blanc.
Oiseau cendré de la Guyane.
Le Manikor.

COQ DE ROCHE.

Coq de roche du Pérou.

COTINGAS.

Cordon bleu. — Querciva.——La Tersine.—Le Cotinga à plumes soyeuses. — Le Pacapac *ou* Pampadour. (Le Pacapac gris-pourpre. — Le Cotinga gris.) — Ouette *ou* Cotinga rouge de Cayenne. — Guira-Punga *ou* Cotinga blanc. — Averano. — Guirarou.

FOURMILIERS.

Le Roi des Fourmiliers. — L'Azurin. — Le grand Béfroi. — Le petit Béfroi.—Le Palikour *ou* Fourmilier proprement dit.—Le Colma.—Le Tétima. — Le Fourmilier huppé. — Le fourmilier à oreilles blanches. — Le Carillonneur. — Le Bambla. — L'Arada.

FOURMILIERS-ROSSIGNOLS.

Coroya. — Alapi.

AGAMI.

Pigeons.
*Columbi-Gallines.
Pigeon couronné des Indes.
Columbi-Galline.
Pigeon de Nicobar, etc.
* Colombes *ou* Pigeons ordinaires.
Ramier.
Colombin *ou* petit Ramier.
Biset *ou* Pigeon de roche.
Tourterelle.
Tourterelle à collier *ou* rieuse.
*Colombars.

ÉCHASSIERS ou OISEAUX DE RIVAGE.

BREVIPENNES.

Autruches.

Autruche de l'AncienContinent.
* Autruche d'Amérique.

*Casoars.

Casoar à casque *ou* Émeu.
Casoarde la Nouvelle-Hollande.

PRESSIROSTRES.

*Outardes.

Grande Outarde.
Petite Outarde *ou* Cannepetière.
Houbara.

Pluviers.

*Œdicnèmes.
Œdicnème.
* Pluviers proprement dits.
Pluvier doré.
Guigniard.
Pluvier à collier.

Vanneaux.

'Vanneaux-Pluviers.
Vanneau gris, Vanneau varié, Vanneau Suisse.

Tɪɴᴀᴍᴏᴜs.

Magoua. — Tinamou cendré.—
— Tinamou varié. — Soui.

Gᴏʙᴇs-Mᴏᴜᴄʜᴇs.

Gobe - Mouche commun. —
Gobe-Mouche noir à collier
ou de Lorraine.—Gobe-Mou-
che de l'Ile - de - France. —
Gobe - Mouche à bandeau
blanc du Sénégal. — Gobe-
Mouche huppé du Sénégal.—
Gobe-Mouche à gorge brune
du Sénégal.—Le petit Azur,
Gobe-Mouche bleu des Phi-
lippines. — Barbichon de
Cayenne. — Gobe - Mouche
brun de Cayenne. — Gobe-
Mouche roux à poitrine orangée de Cayenne. — Gobe-
Mouche citrin de la Loui-
siane. — Gobe-Mouche olive
de la Caroline et de la Jamaïque. — Gobe - Mouche
huppé de la Martinique. —
Gobe - Mouche noirâtre de
la Caroline. — Gillit ou
Gobe-Mouche-Pie de Cayen-
ne. — Gobe - Mouche brun
de la Caroline. — Gobe-
Mouche olive de Cayenne.
— Gobe-Mouche tacheté de
Cayenne. — Petit-Noir au-
rore ou Gobe-Mouche d'A-
mérique. — Rubin ou Gobe-
Mouche huppé de la rivière
des Amazones.—Gobe-Mou-
che roux de Cayenne. —
Gobe-Mouche à ventre jaune.
— Le Roi des Gobes-Mou-
ches. — Gobes-Moucherons.

Mᴏᴜᴄʜᴇʀᴏʟʟᴇs.

Savana. — Moucherolle huppé
à tête couleur d'acier poli.—
Moucherolle de Virginie. —
Moucherolle brun de la Mar-
tinique. — Moucherolle à
queue fourchue du Mexique,
Moucherolle des Philippines.
— Moucherolle de Virginie
à huppe verte. — Schet de
Madagascar.

Vanneaux proprement dits.

*Huîtriers.

*Coure-Vite.

*Cariama.

CULTRIROSTRES.

Grues.

Agamis.

Oiseau-trompette.
Oiseau-royal ou Grue couronnée.
*Demoiselle de Numidie.

*Grues ordinaires.

Grue commune.
Courlan ou Courliri.
Caurale, petit Paon des roses,
Oiseau du soleil.

Savacous.

Hérons.

*Hérons proprement dits.

Héron commun.

Crabiers.

Blongios.

Onórés.

*Aigrettes.

Petite Aigrette.
Grande Aigrette.
Crabier de Mahon.

Butors.

Bihoreaux.

Cigognes.

Cigogne blanche.
Cigogne noire.
Cigogne à col nud.
*Cigogne à sacs.

*Jabirus.

Ombrettes.

*Becs-ouverts.

TYRANS.
  Titiri *ou* Pipiri. — Tyrans de la
    Caroline. — Bentaveo *ou* Cui-
    riri. — Tyrans de Cayenne.
    Caudec. — Tyrans de la Loui-
    siane.
Kinki-Manou de Madagascar.
Preneur de mouches rouge.
Drongo.
Piauhau.

ALOUETTES.
  Alouette commune. — Alouette
    blanche. — Alouette noire. —
    Alouette noire à dos fauve.
Cujelier.
Farlouse *ou* Alouette des prés.
  Farlouse commune. — Farlouse
    blanche. — Farlouse de la
    Louisiane.
Alouette-Pipi.
Locustelle.
Spipolette.
Girole.
Calandre *ou* grosse Alouette.
  Cravate jaune *ou* Calandre du
    Cap.
  Hausse-Col noir *ou* Alouette de
    Virginie,
  Alouette aux joués brunes de
    Pensylvanie.
Rousseline *ou* Alouette de ma-
  rais.
Ceinture de prêtre *ou* Alouette
  de Sibérie.
Variole.
Cendrille.
Sirli du Cap.
Cochevis *ou* grosse Alouette
  huppée.
Lulu *ou* petite Alouette huppée.
Coquillade.
Grisette *ou* Cochevis du Sé-
  négal.

ROSSIGNOL.
  Rossignol ordinaire. — Grand
    Rossignol. — Rossignol blanc.
    Foudi-jala de Madagascar.

*Dromes.
Tantales.
  Tantale d'Amérique.
  Tantale d'Afrique.
  *Tantale de Ceylan.

*Spatules *ou* Palettes.
  Spatule blanche huppée.
  Spatule rose.

LONGIROSTRES.

Bécasses.
  *Ibis.
    Ibis sacré.
    Ibis rouge.
    Ibis vert *ou* Courlis vert.

  Courlis.
    Courlis d'Europe.
    Corlieu d'Europe *ou* petit Courlis.

  *Bécasses proprement dites.
    Bécasse.
    Bécassine.
    Double Bécassine.
    Petite Bécassine *ou* la Sourde.
    Bécassine grise.

  *Rhynchées.
  Barges.
    Barge aboyeuse *ou* à queue carrée.
    Barge à queue noire.

  Maubèches.
    Maubèche, Sand-piper, Canut.
    Maubèche noirâtre.

  Sanderlings.
  Alouettes de mer.
    Petite Maubèche.

  Cocorlis.
  *Falcinelles.
  Combattants.
  *Eurinorhinques.

Fauvettes.

Fauvette commune. — Passerinette *ou* petite Fauvette. — Fauvette à tête noire. — Grisette *ou* Fauvette grise. — Fauvette babillarde. —Roussette *ou* Fauvette des bois. — Fauvette de roseaux.—Petite Fauvette rousse. — Fauvette tachetée. — Traîne-buisson *ou* Fauvette d'hiver. — Fauvette des Alpes. — Pitchou.

Fauvette tachetée du Cap. — Petite Fauvette tachetée du Cap. — Fauvette tachetée de la Louisiane. — Fauvette à poitrine jaune de la Louisiane.—Fauvette de Cayenne à queue rousse. — Fauvette de Cayenne à gorge brune et ventre jaune. — Fauvette bleuâtre de Saint-Domingue.

Cou jaune de Saint Domingue.

Rossignol de muraille.

Rouge-queue.

Rouge-queue de la Guyane.

Bec-figue.

Fist de Provence.

Pivote ortolane de Provence.

Rouge-gorge.

Gorge-bleue.

Rouge-gorge bleu de l'Amérique du Nord.

Traquet.

Tarier.

Traquet *ou* Tarier du Sénégal.

Traquet de Luçon.

Traquet des Philippines.

Grand Traquet des Philippines.

Fibert *ou* Traquet de Madagascar.

Grand Traquet.

Traquet du Cap.

Clignot *ou* Traquet à lunettes.

Phalaropes.

Tourne-pierres.

*Chevaliers.

Chevalier aux pieds verts.

Chevalier noir.

Chevalier aux pieds rouges *ou* Gambette.

Chevalier à longs pieds.

Bécasseau *ou* Cul-blanc de rivière.

Bécasseau des bois.

Guignette.

*Lobipèdes.

Lobipède à hausse-col.

*Échasses.

*Avocettes

MACRODACTYLES.

*Jacanas.

Jacana-commun.

Jacana bronzé.

Jacana à longue queue.

Kamichis.

Kamichi.

*Chaïa.

*Mégapodes.

*Rales.

Rale d'eau d'Europe.

Rale de genêts *ou* Roi des Cailles.

Marouette *ou* petit Rale tacheté.

*Foulques.

Poules d'eau.

Poule d'eau commune.

Talèves *ou* Poules sultanes.

Poule sultane ordinaire.

Foulques proprement dites.

Foulque *ou* Morelle d'Europe.

*Vaginales.

*Giaroles *ou* Perdrix de mer.

*Flammants.

Motteux, Vitrec ou Cul-blanc.

Motteux *ou* Cul-blanc du Cap.
Motteux *ou* Cul-blanc verdâtre.
Motteux du Sénégal.

Lavandière.

Bergeronnettes ou Bergerettes.

Bergeronnette grise. — Bergeronnette du printemps. — Bergeronnette jaune.
Bergeronnette du Cap. — Petite Bergeronnette du Cap. — Bergeronnette de Timor. — Bergeronnette de Madras.

Figuiers.

Figuier vert et jaune. — Chéric. — Petit Simon. — Figuier bleu. — Figuier du Sénégal. — Figuier tacheté. — Figuier à tête rouge. — Figuier à gorge blanche. — Figuier à gorge jaune. — Figuier vert et blanc. — Figuier à gorge orangée. — Figuier à tête cendrée. — Figuier brun — Figuier aux joues noires. — Figuier tacheté de jaune. — Figuier brun et jaune. — Figuier des sapins. — Figuier à cravate noire. — Figuier à tête jaune. — Figuier cendré à gorge jaune. — Figuier cendré à collier. — Figuier à ceinture. — Figuier bleu. — Figuier varié. — Figuier à tête rousse. — Figuier à poitrine rouge. — Figuier gris de fer. — Figuier aux ailes dorées. — Figuier couronné d'or. — Figuier orangé. — Figuier huppé. — Figuier noir. Figuier olive. — Figuier protonotaire. — Figuier à demi-collier — Figuier à gorge jaune. — Figuier brun-olive. — Figuier grasset. — Figuier cendré à gorge cendrée. — Grand Figuier de la Jamaïque.

PALMIPÈDES.

PLONGEURS ou BRACHYPTÈRES.

Plongeons.

Grèbes.

Grèbe huppé.
Grèbe cornu.
Grèbe à joues grises.
Petit Grèbe *ou* Castagneux.

Grébifoulques.

Plongeons proprement dits.

Grand Plongeon.
Lumme.
Petit Plongeon.

Guillemots.

Céphus.

Petit Guillemot *ou* Pigeon de Groënland.

Pingouins.

Macareux.

Pingouins proprement dits.

Pingouin commun.
Grand Pingouin.

Manchots.

Manchots proprement dits.

Grand Manchot.

Gorfous.

Gorfou sauteur.

Sphénisques.

Sphénisque du Cap.

LONGIPENNES ou GRANDS VOILIERS.

Pétrels.

Pétrels proprement dits.

Pétrel géant *ou* briseur d'os.
Damier, Pétrel du Cap, Peintado, Pétrel gris-blanc, Fulmar, Pétrel de Saint-Kilda.

Demi-fins.

Demi-fin mangeur de vers. — Demi-fin noir et roux. — Demi-fin noir et bleu.—Bimbalé *ou* fausse Linotte. — Bananiste.—Demi-fin à huppe et gorge blanches. — Habituni.

Pit-pits.

Pit-pit vert. — Pit-pit bleu.— Pit-pit varié.—Pit-pit à coiffe bleue. — Guira-Beraba.

Pouillot ou le Chantre.

Grand Pouillot.

Troglodyte.

Roitelets.

Roitelet-Mésange.

Mésanges.

Charbonnière *ou* grosse Mésange.

Petite Charbonnière.

Nonnette cendrée. — Mésange à tête noire du Canada.—Gorge-blanche.—Grimpereau de Savoie.

Mésange bleue.
Moustache.
Remiz.
Penduline.
Mésange à longue queue.
Petit Deuil.
Mésange huppée.

Mésange huppée de Caroline.— Mésange à collier.—Mésange à croupion jaune.—Mésange grise à gorge jaune.—Grosse Mésange bleue. — Mésange amoureuse.

Sittelle ou Torche-pot.

Petite Sittelle.—Sittelle du Canada.—Sittelle à huppe noire. — Petite Sittelle à huppe noire. — Sittelle à tête noire. —Petite Sittelle à tête brune.
Grande Sittelle à bec crochu.— Sittelle grivelée.

Puffins.

*Puffin cendré.

*Pélécanoïdes.

*Prions.

Pétrel bleu.

*Albatrosses.

Mouton du Cap, Vaisseau de Guerre, etc.

Goëlands, Mauves, Mouettes.

*Goëlands.

Goëland à manteau noir.
Goëland à manteau gris.

*Mauves *ou* Mouettes.

Mouette à pieds jaunes.
Mouette blanche.
Mouette à pieds bleus.
Mouette à pieds rouges.
Mouette à trois doigts.

Labbes *ou* Stercoraires.

Labbe à longue queue.

*Hirondelles de mer.

Hirondelles de mer proprement dites.

Pierre Garin *ou* Hirondelle de mer à bec rouge.
Petite Hirondelle de mer.
Hirondelle de mer à bec noir.
Hirondelle de mer noire.
Hirondelle de mer à aigrettes.

Noddis.

Noddi noir, Oiseau fou.

*Becs en ciseaux *ou* Coupeurs d'eau.

TOTIPALMES.

*Pélicans.

Pélicans proprement dits.
Pélican ordinaire.

GRIMPEREAUX.

Grimpereau commun. — Grand Grimpereau. — Grimpereau de muraille. — La tribu des Souï-Mangas. — Angala-Dian. — Oiseau rouge à bec de Grimpereau. — Oiseau brun à bec de Grimpereau. — Oiseau pourpré à bec de Grimpereau.

GUIT-GUITS.

Guit-guit noir et bleu. — Guit-guit vert et bleu à tête noire. — Guit-guit tacheté. — Guit-guit vert tacheté. — Guit-guit varié. — Guit-guit noir et violet. — Le Sucrier.

OISEAU-MOUCHE.

Le plus petit Oiseau-Mouche. — Le Rubis. — L'Améthyste. — L'Orvert. — Le Hupécol. — Le Rubis-topaze. — L'Oiseau-Mouche huppé. — L'Oiseau-Mouche à raquette. — L'Oiseau-Mouche pourpré. — La Cravatte dorée. — Le Saphir. — Le Saphir-émeraude. — L'Émeraude-améthyste. — L'Escarboucle. — Le Vert-doré. — L'Oiseau-Mouche à gorge tachetée. — Le Rubis-émeraude. — L'Oiseau-Mouche à oreilles. — L'Oiseau-Mouche à collier ou Jacobine. — L'Oiseau-Mouche à larges tuyaux. — L'Oiseau-Mouche à longue queue couleur d'acier bruni. — L'Oiseau-Mouche violet à queue fourchue. — L'Oiseau-Mouche à longue queue or, vert et bleu. — L'Oiseau-Mouche à longue queue noire.

COLIBRIS.

Colibri topaze. — Grenat. — Brin blanc. — Zitzil ou Colibri piqueté. — Brin bleu. — Colibri vert et noir. — Colibri huppé. — Colibri à queue violette. — Colibri à cravate verte. — Colibri à gorge car-

---

Cormorans.

Cormoran ordinaire.
Petit Cormoran.

Frégates.
Fous ou Boubies.

Fou de Bassan.

Anhinga.
Paille-en-queue ou Oiseau du Tropique.

LAMELLIROSTRES.

Canards.

Cygnes.

Cygne à bec rouge.
*Cygne à bec noir.
*Cygne noir.
*Oie de Guinée.
Oie de Gambie.

Oies.

Oies proprement dites.
Oie ordinaire.
Oie rieuse.
Oie de neige.

Bernaches.

Cravant.
Bernache armée.

Céréopsis.
Canards.

Macreuses.

Macreuse commune.
Double Macreuse.
Macreuse à long bec.

Garrots.

Canard de Terre-Neuve.
Canard arlequin.
Garrot proprement dit.

Eiders.
*Millouins.

Millouin commun.
Millouin huppé.
Millouinan.

min. — Colibri violet. — Le Hausse-col vert. — Le Collier rouge. — Le Plastron noir. — Le Plastron blanc. — Colibri bleu. — Le vert perlé.—Colibri à ventre roussâtre. — Petit Colibri.

PERROQUETS.

PERROQUETS DE L'ANCIEN CONTINENT.

Kakatoes.

Kakatoes à huppe blanche. — Kakatoes à huppe jaune. — Kakatoes à huppe rouge. — Petit Kakatoes à bec couleur de chair. — Kakatoes noir.

Perroquets proprement dits.

Jacquot *ou* Perroquet cendré.— Perroquet vert. — Perroquet varié. — Vaza *ou* Perroquet noir. — Mascarin. — Perroquet à bec couleur de sang. — Grand Perroquet vert à tête bleue.—Perroquet à tête grise.

Loris.

Lori noir. — Lori à collier. — Lori tricolore.—Lori cramoisi.—Lori rouge.—Lori rouge et violet. — Grand Lori.

Loris-Perruches.

Lori-Perruche rouge. — Lori-Perruche violet et rouge. — Lori-Perruche tricolore.

Perruches

à queue longue également étagée.

Grande Perruche à collier rouge-vif. — Perruche à double collier. — Perruche à tête rouge. — Perruche à tête bleue. — Perruche-Lori. — Perruche jaune.— Perruche à tête d'azur. — Perruche-Souris.— Perruche à moustache. — Perruche à face bleue. — Perruche aux ailes chamarrées.

Petit Millouin.
Morillon.

*Souchets.
 Tadornes.

Tadorne commun.
Canard musqué, Canard de Barbarie.
Pilet.

*Canard ordinaire.

Canard à bec courbe.
Canard de la Chine.
Canard de la Caroline.
Chipeau *ou* Ridenne.
Siffleur.

Sarcelles.

Sarcelle ordinaire. — Petite Sarcelle.

Harles.

Harle vulgaire.
Harle huppé, Harle noir, Harle à manteau noir, Piette, Nonette, petit Harle.

à queue longue et inégale.

Perruche à collier rose. — Petite Perruche à tête rose à long brins.—Grande Perruche à longs brins.—Grande Perruche à ailes rougeâtres. —Perruche à gorge rouge.— Grande Perruche à bandeau noir. — Perruche verte et rouge. — Perruche huppée.

à courte queue.

Perruche à tête bleue. — Perruche à tête rouge *ou* le Moineau de Guinée. — Coulacissi. — Perruche aux ailes d'or.—Perruche à tête grise. —Perruche aux ailes variées. —Perruche aux ailes bleues. — Perruche à collier. — Perruche à ailes noires. — Arimanou.

PERROQUETS DU NOUVEAU CONTINENT.

Aras.

Ara rouge.— Ara bleu. — Ara vert. — Ara noir.

Amazones.

Amazone à tête jaune. — Tarabé *ou* Amazone à tête rouge. — Amazone à tête blanche.—Amazone jaune. — Aourou-Conracou.

Criks.

Crik à tête et à gorge jaune.— Meunier *ou* Crik poudré. — Crik rouge et bleu. — Crik à face bleue. — Crik proprement dit. — Crik à tête bleue.—Crik à tête violette.

Papegais.

Papegai de Paradis.—Papegai maillé. — Tavoua. — Papegai à bandeau rouge. — Papegai à ventre pourpre. — Papegai à tête et gorge bleues. — Papegai violet.— Sasshé.—Papegai brun.— Papegai à tête aurore. — Le Paragua.

Maïpouris *et* Caïcas.

Perriches

à longue queue également étagée.

Perriche-Pavouana.—Perriche à gorge brune. — Perriche à gorge variée. — Perriche à ailes variées. — Anaca. — Jendaya. — Perriche-émeraude.

à queue longue inégalement étagée.

Sincialo. — Perriche à front rouge.—Aputé-Juba. — Perriche couronnée d'or. — Guarouba *ou* Perriche jaune. — Perriche à tête jaune. — Perriche-Ara.

Touïs *ou* Perriches à queue courte.

Touïs à gorge jaune.—Sosavé. — Tirica. — Été *ou* Touï-Été. — Touï à tête d'or.

Couroucous *ou* Couroucoais.

Couroucou à ventre rouge. — Couroucou à ventre jaune. — Couroucou à chaperon violet.

COUROUCOUCOU.

TOURACO.

COUCOUS.

Coucou d'Europe. — Coucou du Cap.—Coucon de Loango. Grand Coucou tacheté. — Coucou huppé noir et blanc. — Coucou verdâtre de Madagascar. — Coua. — Houchou d'Égypte. — Rufalbin. — Bouttallick. — Coucou varié de Mindanao. — Cuil.—Coucou brun varié de noir. — Coucou brun piqueté de roux. — Coucou tacheté de la Chine. — Coucou brun et jaune à ventre rayé. — Le Jacobin huppé de Coromandel.—Petit Coucou à tête grise et ventre jaune. — Coukuls. —

Coucou vert doré et blanc.—Coucou à longs brins.—Coucou huppé à collier. — Sanhia de la Chine. — Tait-sou.—Coucou indicateur.—Vourou-driou.

Le Vieillard *ou* Oiseau de pluie — Taco. — Guira-Cantara. — Quapactol *ou* le Rieur. — Coucou cornu *ou* Atingacu du Brésil.— Coucou brun varié de roux. — Cendrillard. — Coucou - piaye. — Coucou noir de Cayenne. — Petit Coucou noir de Cayenne.

ANIS.

Ani des Savanes.— Ani des Palétuviers.

HOUTOU ou MOMOT de la Guyane.

HUPPES.

Huppe noire et blanche du Cap.

PROMEROPS.

Promerops à ailes bleues.—Promerops brun à ventre tacheté. — Promerops brun à ventre rayé. — Grand Promerops à parements frisés. — Promerops orangé. — Fournier. — Polochion des Moluques. — Mérops rouge et bleu.

GUÉPIER.

Guêpier à tête jaune et blanche. —Guêpier à tête grise.—Guêpier gris d'Éthiopie. — Guêpier marron et bleu. — Patirich-Tirich de Madagascar.— Guêpier vert à gorge bleue. —Grand Guêpier vert et bleu à gorge jaune. — Petit Guêpier vert et bleu à queue étagée.— Guêpier vert à queue d'azur. — Guêpier rouge à tête bleue. — Guêpier rouge du Sénégal. — Guêpier à tête rouge. — Guêpier vert à ailes et queue rousses. — Ictérocéphale *ou* Guêpier à tête jaune.

ENGOULEVENT.

Engoulevent de la Caroline. — Whip-pour-wil.—Guira-quéréa.—Ibijau.— Engoulevent à lunettes *ou* le Hâleur.—Engoulevent varié de Cayenne. — Engoulevent acutipenne de la Guyane.—Engoulevent gris. — Montvoyau de la Guyane.—Engoulevent roux de Cayenne.

HIRONDELLES.

Hirondelle de cheminée *ou* Hirondelle domestique.

Grande Hirondelle à ventre roux, du Sénégal. — Hirondelle à ceinture blanche.— Hirondelle ambrée.

Hirondelle au croupion blanc, *ou* Hirondelle de fenêtre.

Hirondelle de rivage.

Hirondelle grise des rochers.

Martinets.

Martinet noir. — Grand Martinet à ventre blanc. — Petit Martinet noir. — Grand Martinet noir à ventre blanc. — Martinet noir et blanc à ceinture grise. — Martinet à collier blanc.

Petite Hirondelle noire à ventre cendré. — Hirondelle bleue de la Louisiane. — Tapère.— Hirondelle brune et blanche à ceinture brune. — Hirondelle à ventre blanc de Cayenne. — Salangane. — Grande Hirondelle brune à ventre tacheté, *ou* Hirondelle des blés. — Petite Hirondelle noire à croupion gris. — Hirondelle à croupion roux et queue carrée. — Hirondelle brune acutipenne de la Louisiane. — Hirondelle noire acutipenne de la Martinique.

PICS.

Pics verts.

OISEAUX AQUATIQUES.

CIGOGNE.

Cigogne blanche.

Cigogne noire.

Maguari. — Couricaca. — Jabiru. — Nandapoa.

GRUE.

Grue commune.

Grue à collier.

Grue blanche | d'Amérique.
Grue brune |

Demoiselle de Numidie. — Oiseau royal d'Afrique.

CARIAMA.

LE SECRÉTAIRE OU LE MESSAGER.

KAMICHI.

HÉRONS.

Héron commun.—Héron blanc. —Héron noir.—Héron pourpré. — Héron violet. — Garzette blanche. — L'Aigrette. —Hérons d'Amérique. (Grande Aigrette.—Aigrette rousse.— Demi-Aigrette.—Socol. —Héron blanc à calotte noire. — Héron brun. — Héron Agami.—Hocti.—Hohou. — Grand Héron d'Amérique. — Héron de la baie d'Hudson.)

CRABIERS.

BEC-OUVERT.

BUTORS.

Butor ordinaire.

Grand Butor.

Petit Butor.

Butor brun-rayé.

Petit Butor du Sénégal.

Pouacre *ou* Butor tacheté.

Butors d'Amérique.

(L'Étoilé.—Butor jaune du Brésil.—Petit Butor de Cayenne. —Butor de la baie d'Hudson. —L'Onoré. — L'Onoré rayé. — L'Onoré des bois.)

BIHORRAU.

Bihoreau de Cayenne.

OMBRETTE.

COURLIRI OU COURLAN.

SAVACOU.

SPATULE.

BÉCASSE.

Bécasse commune. — Bécasse blanche. — Bécasse rousse.

Bécasse des Savanes.

BÉCASSINE.

Bécassine commune. — Petite Bécassine *ou* la Sourde. — La Brunette.

Bécassine du Cap. — Bécassine de Madagascar. — Bécassine de la Chine.

BARGES.

Barge commune. — Barge aboyeuse. — Barge variée. — Barge rousse.—Grande Barge rousse. — Barge rousse de la Baie d'Hudson.—Barge brune. — Barge blanche.

CHEVALIERS.

Chevalier commun. — Chevalier aux pieds rouges.—Chevalier rayé. — Chevalier varié. — Chevalier blanc. — Chevalier vert.

COMBATTANTS OU PAONS DE MER.

MAUBÈCHE.

Maubèche commune. — Maubèche tachetée. — Maubèche grise. — Sanderling.

BÉCASSEAU.

Guignette.

PERDRIX DE MER.

Perdrix de mer grise.—Perdrix de mer brune. — Giarole. — Perdrix de mer à collier.

ALOUETTE DE MER.

CINCLE.

IBIS.

Ibis blanc. — Ibis noir.

Courlis.

Courlis ordinaire. — Corlieu *ou* petit Courlis. — Courlis vert *ou* d'Italie. — Courlis brun. — Courlis tacheté. — Courlis à tête nue. — Courlis huppé. —Courlis d'Amérique. (Courlis rouge. — Courlis blanc.— Courlis brun à front rouge. — Courlis des bois. — Guarona. — Acalot. — Matuité des rivages. — Grand Courlis de Cayenne.)

Vanneaux.

Vanneau commun. — Vanneau Suisse. — Vanneau armé du Sénégal.—Vanneau armé des Indes. — Vanneau armé de la Louisiane.—Vanneau armé de Cayenne.

Vanneau-Pluvier.

Pluviers.

Pluvier doré. — Pluvier doré à gorge noire. — Guignard.— Pluvier à collier. — Kildir.— Pluvier huppé. — Pluvier à aigrette. — Pluvier coiffé. — Pluvier couronné. — Pluvier à lambeaux. — Pluvier armé de Cayenne.

Pluvian.

Grand Pluvier *ou* Courlis de terre.

Échasse.

Huîtrier ou Pie de mer.

Courre-vite.

Tourne-pierre.

Merle d'eau.

Grive d'eau.

Le Canut.

Rales.

Râle de terre *ou* de genêt; Roi des Cailles.

Râle d'eau.

Marouette.

Tiklin *ou* Râle des Philippines.

Tiklin bleu. — Tiklin rayé. — Tiklin à collier.

Râle à long bec.

Kiolo.

Râle tacheté de Cayenne.

Râle de Virginie.

Râle Bidi-bidi.

Petit Râle de Cayenne.

Caurale ou petit Paon des roses.

Poule d'eau.

Poulette d'eau.

Porzane *ou* grande Poule d'eau.

Grinette.

Smirring.

Glout.

Grande Poule de Cayenne.

Mittek.

Kingalik.

Jacana.

Jacana commun.—Jacana noir. Jacana vert. — Jacana-péca. —Jacana varié.

Poule sultane ou Porphyrion.

Poule sultane verte.

Poule sultane brune.

Angoli.

Petite Poule sultane.

Favorite.

Acintli.

Foulque ou Morelle.

Macroule *ou* grande Foulque.

Grande Foulque à crête.

Phalaropes.

Phalarope cendré. — Phalarope rouge.—Phalarope à festons dentelés.

Grèbes.

Grèbe commun. — Petit Grèbe. —Grèbe huppé.—Petit Grèbe huppé. — Grèbe cornu. — Petit Grèbe cornu. — Grèbe Duc-Laar. — Grèbe de la Louisiane. — Grèbe à joues grises *ou* le Jougris. — Grand Grèbe.

Castagneux.

    Castagneux commun. — Castagneux des Philippines. — Castagneux à bec cerclé. — Castagneux de Saint-Domingue. — Grèbe-Foulque.

PLONGEONS.

    Grand Plongeon. — Petit Plongeon. — Petit Cat-marin. — Imbrim *ou* grand Plongeon de la mer du Nord. — Lumme *ou* petit Plongeon de la mer du Nord.

HARLES.

    Harle commun. — Harle huppé. — Piette *ou* petit Harle huppé. — Harle à manteau noir. — Harle étoilé. — Harle couronné.

PÉLICAN.

    Pélican brun. — Pélican à bec dentelé.

CORMORAN.

    Petit Cormoran *ou* le Nigaud.

HIRONDELLES DE MER.

    Pierre Garin *ou* grande Hirondelle de mer de nos côtes. — Petite Hirondelle de mer. — Guiffette. — Guiffette noire *ou* Épouventail. — Gachet. — Hirondelle de mer des Philippines. — Hirondelle de mer à grande envergure. — Grande Hirondelle de mer de Cayenne.

OISEAU DU TROPIQUE OU LE PAILLE-EN-QUEUE.

    Grand Paille-en-queue. — Petit Paille-en-queue. — Paille-en-queue à brins rouges.

FOUS.

    Fou commun. — Fou blanc. — Grand Fou. — Petit Fou. — Petit Fou brun. — Fou tacheté. — Fou de Bassan.

LA FRÉGATE.

GOÉLANDS ET MOUETTES.

    Goéland à manteau noir. — Goéland à manteau gris. — Goéland brun. — Goéland varié *ou* le Grisard. — Goéland à manteau gris-brun *ou* le Bourgmestre. — Goéland à manteau gris et blanc.

    Mouette blanche. — Mouette tachetée *ou* le Kutgeghef. — Grande Mouette cendrée *ou* à pieds bleus. — Petite Mouette cendrée. — Mouette rieuse. — Mouette d'hiver.

Labbe *ou* Stercoraire.

    Labbe à longue queue.

ANHINGA.

    Anhinga roux.

LE BEC EN CISEAUX.

NODDI.

AVOCETTE.

LE COUREUR.

LE FLAMMANT OU PHÉNICOPTÈRE.

CYGNE.

OIE.

    Oie des Terres Magellaniques. — Oie des îles Malouines. — Oie de Guinée. — Oie armée. — Oie bronzée. — Oie d'Égypte. — Oie des Eskimaux. — Oie rieuse. — Oie à cravate.

CRAVANT.

BERNACHE.

EIDER.

CANARD.

    Canard commun.

    Canard musqué.

    Canard siffleur. Vingeon *ou* Gingeon.

        Siffleur huppé. — Siffleur à bec rouge et narines jaunes. — Siffleur à bec noir.

    Chipeau *ou* Ridenne.

    Le Souchet *ou* le Rouge.

    Pilet *ou* Canard à longue queue.

        Canard à longue queue de Terre-Neuve.

Tadorne.

Milouin.

Milouinan.

Garrot.

Morillon.

    Petit Morillon.

Macreuse.

Double Macreuse.

Macreuse à large bec *ou* Canard du Nord.

Canard huppé.

Petit Canard à grosse tête.

Canard à collier, de Terre-Neuve.

Canard brun.

Canard à tête grise.

Canard à face blanche.

Marec *et* Maréca.

SARCELLES.

    Sarcelle commune.—Petite Sarcelle.— Sarcelle d'été.— Sarcelle d'Égypte.— Sarcelle de Madagascar. — Sarcelle de Coromandel. — Sarcelle de Java. — Sarcelle de la Chine. — Sarcelle de Féroé. — Sarcelle soucrourou. — Sarcelle soucrourette. — Sarcelle à queue épineuse. — Sarcelle rousse à longue queue.—Sarcelle blanche et noire *ou* la Religieuse. — Sarcelle du Mexique. — Sarcelle de la Caroline.—Sarcelle brune et blanche.

Canards quatre-ailes.

Petite Sarcelle de Lithuanie.

Canard de Barbarie.

Pélican de Barbarie.

Pélican de Barbarie à petit bec.

Tourpan *ou* Canard de Sibérie.

Petit Canard des Philippines.

Oiseau-cognée de Madagascar.

Sarcelles des Malouines.

Canards du détroit de Magellan.

Canard peint de la Nouvelle Zélande.

Canard gris-bleu de la Nouvelle Zélande.

Canard à crête rouge de la Nouvelle Zélande.

PÉTRELS.

    Pétrel cendré. — Pétrel blanc et noir *ou* le Damier.—Pétrel Antarctique *oa* Damier brun. Pétrel de neige.—Pétrel bleu. —Quebrantahuessos *ou* grand Pétrel. — Pétrel-Puffin. — Fulmar *ou* Pétrel-Puffin gris-blanc de l'île de Saint-Kilda. — Pétrel-Puffin brun. — Oiseau de tempête.

ALBATROS.

GUILLEMOT.

Petit Guillemot *ou* Colombe du Groënland.

MACAREUX.

Macareux de Kamtchatka.

PINGOUINS.

Pingouin commun.

Grand Pingouin.

Petit Pingouin *ou* le Plongeon de mer.

MANCHOTS.

    Grand Manchot. — Manchot moyen. — Manchot sauteur. — Manchot à bec tronqué.

Ici finit la série des animaux décrits par Buffon; cette série, comme on voit, ne comprend que les MAMMIFÈRES et les OISEAUX. Nous continuons le tableau des divisions systématiques des autres parties du *Règne animal*, c'est-à-dire des REPTILES, des POISSONS, des Mollusques, des Animaux articulés et des Zoophites; mais ici, nous n'avons pas cru devoir entrer dans les mêmes détails que pour ce qui précède, et nous avons supprimé la nomenclature des sous-genres, tout en en conservant l'indication. Nous avons continué de désigner par un astérisque les genres ou les espèces que M. Lesson a décrits dans ses *Compléments*.

3ᵉ Classe des Animaux Vertébrés. REPTILES. (4 Ordres.)

1ᵉʳ Ordre. CHÉLONIENS. (1 famille.)

Tortues.
Tortues de terre.
Tortues d'eau douce.
Tortues de mer.
Chelides *ou* Tortues à gueule.
Tortues molles *ou* Trionyx.

2ᵉ Ordre. SAURIENS. (6 familles.)

CROCODILIENS.

Crocodiles.
Gavials.
Crocodiles proprement dits.
Caïmans *ou* Alligators.

LACERTIENS.

Monitors *ou* Tupinambis.
Monitors propres.
Dragonnes.
Sauvegardes.
Lézards proprement dits.

IGUANIENS.

AGAMIENS.

Stellions (4 sous-genres.)
Agames (12 sous-genres.)
Istiures.
Dragons (2 sous-genres.)

IGUANIENS PROPRES.

Iguanes.
Ophryesses.
Basilics.
Marbrés.
Ecphimotes.
Quetzpaleo.
Anolis.

GECKOTIENS. (Lézards nocturnes.)

Geckos.
Stenodactyles.
Gymnodactyles.
Phillures.

CAMÉLÉONIENS.

Caméléons.

SCINCOIDIENS.

Scinques.
Seps.
Bipes.
Chalcides.
Bimanes.

3ᵉ Ordre. OPHIDIENS ou SER-
PENTS. (3 familles.)

ANGUIS.

Orvets (4 sous-genres.)

SERPENTS. (2 tribus.)

DOUBLES MARCHEURS. (2 genres.)

Amphisbènes (1 sous-genre.)
Typhlops.

SERPENTS PROPREMENT DITS.

Non venimeux.
Rouleaux.
Boa. (3 sous-genres.)
Couleuvres. (11 sous-genres.)
Acrochordes.

Venimeux à crochets simples.
Crotales. (1 sous-genre.)
Vipères. (9 sous-genres.)

Venimeux à crochets accompa-
gnés d'autres dents.
Bongares.
Hydres. (3 sous-genres.)

Serpents nus.
Cécilies.

4e ordre. BATRACIENS.

Grenouilles.

Grenouilles proprement dites.
Cératophis. (Grenouilles à large tête.)
Dactylètres. (Grenouilles de l'Afrique australe.)
Rainettes.
Crapauds. (4 sous-genres.)
Pipa.

Salamandres.

Salamandres terrestres.
Salamandres aquatiques.

Menopoma.
Amphiuma.
Axolots.
Menobranchus.
Protées.
Sirènes.

4e Classe des Vertébrés. POISSONS. (8 ordres.)

ACANTHOPTÉRYGIENS. (15 familles.)

PERCOIDES. (42 genres.)
JOUES CUIRASSÉES. (16 genres.)
SCIÉNOIDES. (15 genres.)
SPAROIDES. (12 genres.)
MÉNIDES. (4 genres.)
SQUAMMIPENNES. (7 genres.)
SCOMBEROIDES. (15 genres.)
TOENIOIDES. (6 genres.)
THEUTYES. (6 genres.)
PHARYNGIENS LABYRINTHIFORMES. (5 genres.)
MUGILOIDES. (3 genres.)
GOBIOIDES. (9 genres.)
PECTORALES PÉDICULÉES. (2 genres.)
LABROIDES (4 genres.)
BOUCHES EN FLUTES. (2 familles.)

MALACOPTÉRYGIENS ABDOMINAUX. (5 familles.)

CYPRINOIDES. (8 genres.)
ÉSOCES. (3 genres.)

SILUROIDES. (4 genres.)
SALMONES. (2 genres.)
CLUPES. (16 genres.)

MALACOPTÉRYGIENS SUBBRACIENS. (3 familles.)

GADOIDES. (2 genres.)
POISSONS PLATS. (1 genre.)
DISCOBOLES. (3 genres.)

MALACOPTÉRYGIENS APODES. (1 famille.)

ANGUILLIFORMES. (7 genres.)

LOPHOBRANCHES. (2 genres.)
PLECTOGNATHES. (2 familles.)

GYMNODONTES. (4 genres.)
SCLÉRODERMES. (2 genres.)

CHONDROPTÉRYGIENS A BRANCHIES LIBRES ou STURIONIENS. (3 genres.)

CHONDROPTÉRYGIENS A BRANCHIES FIXES. (2 familles.)

SÉLACIENS. (5 genres.)
SUCEURS ou CYCLOSTOMES. (3 genres.)

2e *Division du règne animal.*

MOLLUSQUES. (6 classes.)

CÉPHALOPODES. (1 seul ordre et deux genres.)

Seiches. (8 sous-genres.)
Nautiles. (5 sous-genres.)

Quatre genres de coquillages fossiles appartenaient à cet ordre de Mollusques : ce sont les *Bélemnites*, les *Actinocamax*, les *Ammonites* et les *Camérines*.

PTÉROPODES. (7 genres.)

GASTÉROPODES. (9 ordres.)

PULMONÉS. (11 genres.)

Pulmonés terrestres :
Limaces. (6 sous-genres.)

Escargots. (6 sous-genres.)
Nompareilles.
Agathines.

Pulmonés aquatiques :
Onchidies.
Planorbes.
Limnées.
Physes.
Scarabes.
Auricules.
Mélampes.

NUDIBRANCHES. (15 genres.)

Doris.
Onchidores.
Plocamocères.
Polycères.
Tritonies.
Théthys.
Scyllées.
Glaucus.
Laniogères.
Éolides.
Cavolines.
Flabellines.
Tergipes.
Busiris.
Placobranches.

INFÉROBRANCHES. (2 genres.)

Phyllides.
Diphyllides.

TECTIBRANCHES. (9 genres.)

Pleurobranches.
Pleurobranchæa.
Aplysies.
Dolabelles.
Notarchus.
Bursatelles.
Acères. (3 sous-genres.)
Gastroptères.
Ombrelles.

HÉTÉROPODES. (2 genres.)

Ptérotrachea. (5 sous-genres.)
Phyllirocs.

PECTINIBRANCHES. (31 genres.)

Trochoïdes :
Toupies. (9 sous-genres.)
Sabots. (7 sous-genres.)
Paludines.
Littorines.
Monodontes.
Phasianelles.
Ampullaires. (4 sous-genres.)
Mélanies. (3 sous-genres.)
Actéons.
Pyramidelles.
Janthines.
Nérites. (5 sous-genres.)

Capuloïdes :
Cabochons.
Hipponyces.
Crépidules.
Piléoles.
Septaires.
Calyptrées.
Siphonaires.
Sigarets.
Coriocelles.
Cryptostomes.

Buccinoïdes :
Cônes.
Porcelaines.
Ovules. (2 sous-genres.)
Tarières.
Volutes. (7 sous-genres.)
Buccins. (11 sous-genres.)
Cérithes. (1 sous-genre.)
Rochers. (4 sous-genres.)
Strombes. (4 sous-genres.)

TUBULIBRANCHES. (3 genres.)

Vermets.
Magiles.
Siliquaires.

SCUTIBRANCHÉS. (4 genres.)

Ormiers. (3 sous-genres.)
Fissurelles.
Émarginules.
Pavois.

CYCLOBRANCHES. (2 genres.)
Patelles.
Oscabrions.

ACÉPHALES. (2 ordres.)

ACÉPHALES TESTACÉS. (49 genres, dont font partie les Huîtres,
les Moules, etc.)

ACÉPHALES SANS COQUILLE.
(5 genres.)

BRACHIOPODES. (3 genres.)
Lingule.
Térébratules.
Orbicules.

CIRRHOPODES. (2 genres.)

3e Division du règne animal.

ANIMAUX ARTICULÉS. (4 clas-
ses.)

ANNÉLIDES. (3 ordres.)

ANNÉLIDES TUBICOLES. (6 gen-
res.)
DORSIBRANCHES. (12 genres.)
ABRANCHES. (5 genres.)

CRUSTACÉS.

1re Section. MALACOSTRACÉS.
(5 ordres.)
DÉCAPODES. (2 familles.).
DÉCAPODES BRACHYURES. (1 genre.)
Crabe.
DÉCAPODES MACROURES. (1 genre.)
Écrevisse.
STOMAPODES ou MANTES DE MER.
(2 familles.)
UNICUIRASSÉS. (1 genre.)
Squille.
BICUIRASSÉS. (1 genre.)
AMPHIPODES. (1 genre.)
Crevette.
LOEMODIPODES. (1 genre.)
Cyame.

ISOPODES. (1 genre.)
Cloporte.
2e Section. ENTOMOSTRACÉS.
(2 ordres.)
BRANCHIOPODES. (1 genre.)
Monocles.
POECILOPODES. (2 familles.)
Xyphosures. (1 genre.)
Limule.
Siphonostomes. (2 tribus.)
Caligides. (2 genres.)
Lernœiformes. (2 genres.)

ARACHNIDES. (2 ordres.)

PULMONAIRES. (2 familles.)
ARANÉIDES ou FILEUSES. (1 genre.)
Araignée.
PÉDIPALPES. (2 genres.)
Tarentule.
Scorpion.

TRACHÉENNES. (5 familles.)
FAUX SCORPIONS. (2 genres.)
PYCNOGONIDES. (3 genres.)
HOLÉTRES. (2 tribus.)
Phalangiens. (4 genres).
Acaridies. (1 genre.)
Mites. (19 sous-genres.)

INSECTES. (12 ordres.)

MYRIAPODES ou MILLEPIEDS.
(2 familles.)
CHILOGNATHES. (1 genre.)
Iule.
CHILOPODES. (1 genre.)
Scolopendre.

THYSANOURES. (2 familles.)
LÉPISMÈNES. (1 genre.)
PODURELLES. (1 genre.)

PARASITES. (1 genre.)
Pou. (9 sous-genres.)

SUCEURS. (1 genre.)
Puce.

COLÉOPTÈRES. (20 familles sous quatre sections.)

CARNASSIERS. (3 tribus.)
CICINDÈLES. (1 genre.)
Cicindèle. (9 sous-genres.)
CARABIQUES. (1 genre.)
Carabe. (122 sous-genres.)
HYDROCANTHARES. (2 genres.)
Dytisque. (6 sous-genres.)
Gyrin.

BRACHÉLYTRES. (1 genre.)
Staphylin. (24 sous-genres.)
SERRICORNES. (3 sections.)
STERNOXES. (2 tribus.)
Buprestides. (1 genre.)
Bupreste. (4 sous-genres.)
Élatérides. (1 genre.)
Taupin. (14 sous-genres.)
MALACODERMES. (5 tribus.)
Cébrionites. (1 genre.)
Cébrion. (12 sous-genres.)
Lampyrides. (1 genre.)
Lampyre. (11 sous-genres.)
Mélyrides. (1 genre.)
Mélyre. (6 sous-genres.)
Clairones. (1 genre.)
Clairon. (10 sous-genres.)
Ptiniores. (1 genre.)
Ptine. (7 sous-genres.)
LIMEBOIS. (1 genre.)
Lyméxylon. (4 sous-genres.)
CLAVICORNES. (10 tribus.)
PALPEURS. (1 genre.)
Mastige. (2 sous-genres.)
HISTÉROIDES. (1 genre.)
Escarbot. (6 sous-genres.)
SILPHALES. (1 genre.)
Bouclier. (9 sous-genres.)
SCAPHIDITES. (1 genre.)
Scaphidie. (2 sous-genres.)
NITIDULAIRES. (1 genre.)
Nitidule. (6 sous-genres.)
ENGIDITES. (1 genre.)
Dacné. (2 sous-genres.)
DERMESTINS. (1 genre.)
Dermeste. (7 sous-genres.)

BYRRHIENS. (1 genre.)
Byrrhe. (3 sous-genres.)
ACANTHOPODES. (1 genre.)
Hétérocère.
MACRODACTYLES. (1 genre.)
Dryops. (5 sous-genres.)
PALPICORNES. (2 tribus.)
HYDROPHILIENS. (1 genre.)
Hydrophile. (10 sous-genres.)
SPHOERIDIOTES. (1 genre.)
Sphéridie.
LAMELLICORNES. (2 tribus.)
SCARABÉIDES. (1 genre.)
Scarabée. (81 sous-genres.)
LUCANIDES. (2 genres.)
Lucane. (7 sous-genres.)
Passale. (1 sous-genre.)
MÉLASOMES. (3 genres.)
Pimélie. (19 sous-genres.)
Blaps. (18 sous-genres.)
Ténébrion. (11 sous-genres.)
TAXICORNES. (2 tribus.)
DIAPÉRIALES. (1 genre.)
Diapère. (9 sous-genres.)
COSSYPHÈNES. (1 genre.)
Cossyphe. (3 sous-genres.)
STÉLÉNYTRES. (5 tribus.)
HÉLOPIENS. (1 genre.)
Hélops. (15 sous-genres.)
CISTÉLIDES. (1 genre.)
Cistèle. (4 sous-genres.)
SERROPALPIDES. (1 genre.)
Dircée. (8 sous-genres.)
OEDÉMÉRITES. (1 genre.)
OEdémère. (5 sous-genres.)
RHYNCHOSTOMES. (1 genre.)
Myctère. (3 sous-genres.)
TRACHÉLIDES. (6 tribus.)
LAGRIAIRES. (1 genre.)
Lagrie. (3 sous-genres.)
PYROCHROIDES. (1 genre.)
Pyrochre. (2 sous-genres.)
MORDELLONES. (1 genre.)
Mordelle. (6 sous-genres.)
ANTHICIDES. (1 genre.)
Notoxe. (3 sous-genres.)

HORIALES. (1 genre.)
  Horie. (2 sous-genres.)
CANTHARIDES ou VÉSICANTS. (1 genre.)
  Méloé. (13 sous-genres.)

COLÉOPTÈRES TÉTRAMÈRES:

RHINCHOPHORES ou PORTE-BEC.
  (8 genres.)
  Bruche. (6 sous-genres.)
  Attelabe. (7 sous-genres.)
  Brente. (3 sous-genres.)
  Brachycère.
  Charanson. (15 sous-genres.)
  Lyxe.
  Rhynchène- (20 sous-genres.)
  Calandre. (6 sous-genres.)

XILOPHAGES. (7 genres.)
  Scolyte. (7 sous-genres.)
  Paussus. (2 sous-genres.)
  Bostriche. (4 sous-genres.)
  Monotome. (4 sous-genres.)
  Lycte. (3 sous-genres.)
  Mycétophage. (7 sous-genres.)
  Trogosite. (3 sous-genres.)

PLATYSOMES. (1 genre.)
  Cucuje. (3 sous-genres.)

LONGICORNES. (4 tribus.)
  PRIONIENS. (3 genres.)
    Parandre.
    Spondyle.
    Prione.
  CÉRAMBYCINS. (8 genres.)
    Capricorne. (17 sous-genres.)
    Obrie.
    Rhinotrogue.
    Nécydale. (2 sous-genres.)
    Distichocère.
    Tmésisterne.
    Tragocère.
    Leptocère.
  LAMIAIRES. (2 genres.)
    Acrocine.
    Lamie. (12 sous-genres.)
  LEPTURÈTES. (1 genre.)
    Lepture. (7 sous-genres.)

EUPODES. (2 tribus.)
  SAGRIDES. (1 genre.)
    Sagre. (4 sous-genres.)

CRIOCÉRIDES. (1 genre.)
  Criocère. (6 sous-genres.)

CYCLIQUES. (3 tribus.)
  CASSIDAIRES. (2 genres.)
    Hispe. (3 sous-genres.)
    Casside. (2 sous-genres.)
  CHRYSOMÉLINES. (2 genres.)
    Gribouri. (7 sous-genres.)
    Chrysomèle. (10 sous-genres.)
  GALÉRUCITES. (1 genre.)
    Galéruque. (10 sous-genres.)

CLAVIPALPES. (1 genre.)
  Érotyle. (6 sous-genres.)

FUNGICOLES. (1 genre.)
  Eumorphe. (4 sous-genres.)

APHDIPHAGES. (1 genre.)
  Coccinelle. (3 sous-genres.)

PSÉLAPHIENS. (2 genres.)
  Psélaphe. (7 sous-genres.)
  Clavigère. (2 sous-genres.)

ORTHOPTÈRES. (2 familles.)
  COUREURS. (3 genres.)
    Perce-oreille. (5 sous-genres.)
    Blatte.
    Mante. (12 sous-genres.)
  SAUTEURS. (3 genres.)
    Grillon. (4 sous-genres.)
    Sauterelle. (5 sous-genres.)
    Criquet. (9 sous-genres.)

HÉMIPTÈRES. (2 sections.)
  HÉTÉROPTÈRES. (2 familles.)
    GÉOCORISES. (1 genre.)
      Punaise. (41 sous-genres.)
    HYDROCORISES. (2 genres.)
      Nèpe. (5 sous-genres.)
      Notonecte. (2 sous-genres.)
  HOMOPTÈRES. (3 familles.)
    CICADAIRES. (3 genres.)
    Cigale.
    Fulgore. (12 sous-genres.)
    Cicadelle. (18 sous-genres.)

APHIDIENS. (3 genres.).
  Psylle. (2 sous-genres.)
  Thrips.
  Puceron. (3 sous-genres.)

GALLINSECTES. (1 genre.)
  Cochenille. (1 sous-genre.)

NEVROPTÈRES. (3 familles.)

SUBULICORNES. (2 genres.)
  Libellule. (3 sous-genres).
  Éphémère.

PLANIPENNES. (9 genres.)
  Panorpe. (5 sous-genres.)
  Fourmilion. (2 sous-genres.)
  Hémérobe. (3 sous-genres.)
  Semblide. (3 sous-genres.)
  Mantispe.
  Raphidie.
  Termès.
  Psoque. (1 sous-genre)
  Perle. (1 sous-genre.)

PLICIPENNES. (1 genre.)
  Frigane. (5 sous-genres.)

HYMÉNOPTÈRES. (2 sections.)

TÉRÉBRANTS. (2 familles.)

PORTE-SCIE. (2 tribus.)
  TENTHRÉDINES. (1 genre.)
    Tenthrède. (20 sous-genres.)
  UROCÈRES (1 genre.)
    Sirex. (2 sous-genres.)

PUPIVORES. (6 tribus.)
  ÉVANIALES. (1 genre.)
    Fœne. (5 sous-genres.)
  ICHNEUMONIDES. (1 genre.)
    Ichneumon. (21 sous-genres.)
  GALLICOLES. (1 genre.)
    Cynips. (3 sous-genres.)
  CHALCIDITES. (1 genre.)
    Chalcis. (17 sous-genres.)
  OXYURES. (1 genre)
    Bétyle. (12 sous-genres.)
  CHRYSIDES. (1 genre.)
    Crysis. (7 sous-genres.)

PORTE-AIGUILLON. (4 familles.)
HÉTÉROGYNES. (2 genres.)
  Fourmi. (8 sous-genres.)
  Mutille. (9 sous-genres.)

FOUISSEURS. (8 genres.)
  Scoliètes. (5 sous-genres.)
  Sapygytes. (3 sous-genres.)
  Sphégides. (14 sous-genres.)
  Bembécides. (3 sous-genres.)
  Larrates. (5 sous-genres.)
  Nysoniens. (5 sous-genres.)
  Crabronites. (10 sous-genres.)
  Philantides.

DIPLOPTÈRES. (2 tribus.)
  MASARIDES. (1 genre.)
    Masaris. (2 sous-genres.)
  GUÊPIAIRES. (1 genre.)
    Guêpe. (10 sous-genres.)
  MELLIFÈRES. (1 genre.)
    Abeille. (45 sous-genres, sous
    deux divisions.)

LÉPIDOPTÈRES. (3 familles.)

DIURNES. (1 genre.)
  Papillon. (30 sous-genres.)

CRÉPUSCULAIRES. (1 genre.)
  Sphinx. (14 sous-genres.)

NOCTURNES ou PHALÈNES. (10 sections.)
  Hépialides. (1 genre et 4 sous-genres.)
  Bombycites. (1 genre et 3 sous-genres.)
  Faux-Bombyx. (1 genre et 8 sous-genres.)
  Aposures. (1 genre et 2 sous-genres.)
  Noctuélites. (1 genre et 2 sous-genres)
  Tordeuses. (1 genre et 4 sous-genres.)
  Arpenteuses. (1 genre et 4 sous-genres.)
  Deltoïdes. (1 genre et 1 sous-genre.)

Tinéites. (1 genre et 13 sous-
genres.)
Fissipennes. (1 genre et 2 sous-
genres.)

RHIPIPTÈRES. (2 genres.)
Xenos.
Stylops.

DIPTÈRES. (6 familles sous deux
grandes divisions.)

NÉMOCÈRES. (2 genres.)
Cousin. (5 sous-genres.)
Tipule. (45 sous-genres.)

TANYSTOMES. (8 genres.)
Asile. (11 sous-genres.)
Empis. (8 sous-genres.)
Cyrte. (5 sous-genres.)
Bombille. (13 sous-genres.)
Anthrax. (7 sous-genres.)
Thérève.
Leptis. (4 sous-genres.)
Dolichopes. (13 sous-genres.)

TABANIENS. (1 genre.)
Taon. (8 sous-genres.)

NOTACANTHES. (5 genres.)
Mydas. (2 sous-genres.)
Chyromyze.
Pachystome.
Xylophage. (9 sous-genres.)
Stratiome. (8 sous-genres.)

ATHÉRICÈRES. (4 tribus.)
SYRPHIDES. (1 genre.)
Syrphe. (24 sous-genres.)
OESTRIDES. (1 genre.)
OEstre. (6 sous-genres.)
CONOPSAIRES. (1 genre.)
Conops. (7 sous-genres.)
MUSCIDES. (1 genre.)
Mouche. (73 sous-genres.)

PUPIPARES. (2 genres.)
Hippobosque. (8 sous-genres.)
Nyctéribie. (1 sous-genre.)

4ᵉ Division du règne animal.

ZOOPHITES ou ANIMAUX RAYONNÉS. (5 classes.)

ÉCHINODERMES. (2 ordres.)

PÉDICELLÉS. (4 genres.)
Astéries. (4 sous-genres.)
Encrines. (8 sous-genres.)
Oursins. (13 sous-genres.)
Holothuries.

APODES. (7 genres.)
Molpadies.
Myniades.
Priapules.
Lithodermes.
Siponcles.
Bonellies.
Thalassèmes. (3 sous-genres.)

INTESTINAUX. (2 ordres.)

CAVITAIRES. (16 genres.)
Filaires.
Tricocéphales. (2 sous-gen-
res.)
Cucullans.
Ophiostomes.
Ascarides.
Strongles.
Spiroptères.
Physaloptères.
Sclérostomes. (1 sous-genre.)
Linguatules.
Prionodermes.
Lernées. (7 sous-genres.)
Némerte.
Tubulaires.
Ophiocéphales.
Cérébratules.

PARENCHYMATEUX. (4 familles.)

ACANTOCÉPHALES. (1 genre.)

Échinorhynques. (1 sous-genre.)

TRÉMADOTES. (9 genres.)

Douves. (4 sous-genres.)
Holostomes. (1 sous-genre.)
Cyclocotyles. (1 sous-genre.)
Hectocotyles.
Aspidogaster.
Planaires.
Prostomes.
Dérostomes.
Phœnicures *ou* Vertumnus.

TÉNIOIDES. (9 genres.)

Tœnia.
Tricuspidaires.
Botriocéphales.
Dibothryorhynques.
Floriceps.
Tétrarhynques. (1 sous-genre.)
Cysticerques.
Cœnures.
Scolex.

CESTOIDES. (1 genre.)

Ligule.

ACALÈPHES ou ORTIES DE MER. (2 ordres.)

ACALÈPHES SIMPLES. (3 genres.)

Méduses. (21 sous-genres.)
Porpites.
Vélelles.

ACALÈPHES HYDROSTATIQUES. (3 genres.)

Physalies.
Physsophores. (6 sous-genres.)
Diphyes. (5 sous-genres.)

POLYPES. (3 ordres.)

POLYPES CHARNUS ou ORTIES DE MER FIXES. (2 genres.)

Actinies. (4 sous-genres.)
Lucernaires.

POLYPES GÉLATINEUX. (5 genres.)

Polypes à bras.
Corines.
Cristatelles.
Vorticelles.
Pédicellaires.

POLYPES A POLYPIERS. (3 familles.)

POLYPES A TUYAUX. (3 genres.)

Tubipores.
Tubulaires. (5 sous-genres.)
Sertulaires. (4 sous-genres.)

POLYPES A CELLULES. (5 genres.)

Cellulaires. (5 sous-genres.)
Flustres.
Cellépores.
Tubulipores.
Corallines. (12 sous-genres.)

POLYPES CORTICAUX. (4 tribus.)

Cératophytes. (2 genres.)

Antipathes.
Gorgones. (4 sous-genres.)

Litophytes. (3 genres).

Isis. (4 sous-genres.)
Madrépores. (15 sous-genres.)
Millépores. (5 sous-genres.)

Polypiers nageurs. (5 genres.)

Pennatules. (7 sous-genres.)
Ovulites.
Lunulites.
Orbiculites.
Dactylopores.

Alcyons. (2 genres.)

Alcyon (1 sous-genre.)
Éponge.

INFUSOIRES. (2 ordres.)

ROTIFÈRES. (3 genres.)

Furculaires. (2 sous-genres.)
Tubicolaires.
Brachions.

INFUSOIRES HOMOGÈNES.

(16 genres.)

Urcéolaires.
Trichodes.
Leucophres.

Kérones.
Himantopes.
Cercaires.
Vibrions.
Enchélides.
Ciclides.
Paramèces.
Kolpodes.
Gones.
Bursaires.
Protées.
Monades.
Volvox.

FIN.

Paris. — Imprimerie et Fonderie de Brabœuf, rue des Francs-Bourgeois-Saint-Michel, 8.

www.ingramcontent.com/pod-product-compliance
Lightning Source LLC
Chambersburg PA
CBHW051009060726
47593CB00017B/1276